Tous nos ouvrages sont disponibles aux

**Éditions Decoopman**
Ferrières
30440 Saint-Laurent-le-Minier
web : www.decoopman.com
e.mail : livres@decoopman.com

*Olivier Lacaux*
*Jean Castanier*


I.S.B.N. 978-2-36965-226-7
Dépôt légal : 3e trimestre 2025

# LA CONSTRUCTION DES POSTES DE T.S.F.

## À LA PORTÉE DE TOUS

**Henri MATHIS**

Ancien élève de l'École Centrale de PAris
Ingénieur des Arts et Manufactures

## - I -

# La construction des postes de T. S. F. à la portée de tous

Aucune branche de la science n'intéresse les jeunes amateurs à un plus haut degré que la T. S. F.. Au premier abord, le fonctionnement des appareils paraît mystérieux, mais avec le minimum d'explications on peut néanmoins se rendre compte de leur principe.

Les instruments employés sont relativement simples, et tout amateur, même peu habile, peut les construire lui-même ; ceci est intéressant aujourd'hui que les postes d'émission augmentent de plus en plus, et il est amusant et instructif de pouvoir recevoir les émissions qui se font maintenant en langage clair grâce aux puissances utilisées dans la téléphonie sans fil.

La construction et la mise au point d'appareils de T. S. F. d'amateur sont une chose très attachante qui ne peut que développer l'esprit inventif et les connaissances de celui qui s'y adonne. C'est dans cet esprit que j'ai conçu ce petit ouvrage, qui fait abstraction de toute théorie et de toute explication compliquée. Je me suis contenté simplement d'indiquer la construction d'organes de postes à galène et de postes à lampes, qu'on pourra ainsi établir soi-même pour un prix de revient très faible.

Les indications données ayant toutes été contrôlées par l'expérience et ces appareils ayant fonctionné véritablement, il n'est pas douteux qu'avec un peu de soin, en suivant scrupuleusement les instructions et en ne voulant pas faire seulement de l'à-peu-près, le lecteur sera à même de se procurer à bon compte un poste donnant d'aussi bons résultats que ceux des meilleures marques commerciales.

Toutes les dimensions que nous donnons sur les croquis comme longueurs, largeurs, diamètres, etc. des pièces, peuvent être modifiées au gré de l'amateur ; néanmoins à un débutant nous conseillons de suivre exactement les cotes indiquées, pour être sûr d'obtenir des résultats satisfaisants dès le début.

Il est facile avec un peu d'adresse et un outillage simple de construire soi-même la plupart des organes qui constituent les postes de téléphonie ou de télégraphie sans fil.

Le prix élevé de ces appareils, souvent hors de proportion avec les organes qui les constituent, a incité nombre d'amateurs à chercher les moyens de construire eux-mêmes leur poste. Ils y trouvent, d'ailleurs, une satisfaction personnelle d'amour-propre à penser que c'est un appareil né de leurs mains qui leur permet d'écouter les émissions diverses. Ils peuvent le perfectionner de plus en plus, lui appliquer les combinaisons nouvelles de montage, comme le conseillent les nombreuses revues françaises et étrangères s'occupant spécialement de T. S. F.

Après avoir expliqué succinctement les principes dans la *T. S. F. à la portée de tous*, nous avons pensé qu'il était utile de donner une série d'indications sur la construction des divers organes, en indiquant les moyens les plus simples, et en ne nous contentant pas de choisir telle ou telle méthode, mais au contraire en en indiquant plusieurs différentes pour la construction du même organe.

Suivant les ressources dont il disposera, suivant son habileté manuelle, l'amateur prendra la méthode la plus commode pour lui donner rapidement satisfaction pour le montage de son poste.

Nous avons, en outre, indiqué quelques schémas des montages les plus simples qu'un amateur sera à même de réaliser pour lui permettre d'écouter les divers postes de transmission, si nombreux à l'heure actuelle.

## Les débuts d'un amateur

Le nombre des personnes qui s'intéressent à la réception des émissions de T. S. F. s'est accru dans des proportions considérables depuis que ces émissions se font par téléphonie, c'est-à-dire en langage clair, et que l'on n'utilise les signes de l'alphabet Morse que pour le trafic commercial et pour certaines transmissions régulières. Il est évident que pour déchiffrer un message à la lecture au son, il faut une pratique assez sérieuse afin de pouvoir suivre la rapidité des transmissions actuelles, suivant les signes Morse.

Cet apprentissage rebutait évidemment beaucoup d'amateurs, qui ont obtenu la satisfaction la plus complète le jour où il a suffi d'avoir des oreilles pour entendre afin de recevoir les ondes de T. S. F. et de percevoir les nouvelles de presse, les cours du change et les concerts des différents postes émetteurs.

On sait qu'à Paris on peut recevoir de temps à autre une audition d'une salle de spectacle, et ces transmissions sont encore plus fréquentes à Londres où le nombre de postes transmetteurs est encore plus considérable qu'à Paris.

L'idéal du débutant consiste à pouvoir entendre chez lui, surtout les concerts et suivant ses moyens, il se décide à installer chez lui, quelques postes de réception plus ou moins compliqués et plus ou moins chers.

Il existe actuellement dans le commerce des postes très bien conçus qui donnent satisfaction aux amateurs les plus difficiles et qui permettent aussi de recevoir les ondes courtes, vers l'emploi desquelles on tend de plus en plus.

Mais le véritable amateur habile, intelligent et chercheur désire construire lui-même, son poste, après s'être documenté le plus complètement possible dans les divers ouvrages de vulgarisation qui ont été publiés par maints auteurs.

Souvent les résultats obtenus ne correspondent pas au désir du constructeur débutant et il se rebute, pour se décider finalement à faire une dépense de premier établissement en achetant un poste, parfois quelconque.

C'est que pour s'essayer dans la T. S. F. en voulant construire soi-même les organes d'un poste il est nécessaire d'avoir déjà des notions sommaires en électricité, savoir tout au moins ce qu'est un isolant, ce qu'est un circuit électrique et autres choses élémentaires du même genre.

De plus, ce n'est pas avec quelques francs que l'on pourra faire une installation permettant d'entendre les postes français et étrangers. S'il est possible, pour les habitants de Paris et de la banlieue voisine d'installer quelque chose de sommaire pour recevoir la Tour Eiffel ou les radio-concerts des autres stations de la région, il ne faut pas songer à pouvoir écouter les concerts anglais ou le poste de La Haye ou autres. Il faudra se contenter de percevoir les émissions de la Tour Eiffel qui est un poste puissant et qui exige naturellement des appareils récepteurs moins perfectionnés et moins délicats.

Ceci s'applique surtout à ceux qui se trouvent à une certaine distance de la capitale et qui ne pourraient songer, avec des moyens de fortune ordinaires, à entendre les émissions plus faibles.

Il ne faut pas compter non plus obtenir une réception en haut-parleur avec une simple bobine et un détecteur.

La perception n'est pas alors suffisamment puissante pour permettre l'audition à une certaine distance de l'appareil.

On ne peut arriver à fonctionner avec un haut-parleur qu'en montant sur un poste de réception simple des organes amplificateurs que d'ailleurs on pourra, construire par la suite.

Il faut donc commencer avec quelque chose de très élémentaire, si l'on veut réaliser quelque chose de ses mains. Bien entendu, si l'amateur se décide immédiatement à acheter un poste ayant un nombre de lampes considérable, nos remarques précédentes ne s'adressent pas à lui ; mais comme nous avons en vue d'intéresser le plus grand nombre, nous leur conseillerons de débuter modestement et de se procurer ensuite les appareils ou les organes complémentaires si vraiment ils deviennent des fervents et des convaincus de la T. S. F.

Il est fort probable qu'une fois le premier détecteur construit et le premier écouteur acheté, l'amateur aura mis le doigt dans l'engrenage et qu'il ne pourra plus résister au désir de perfectionner constamment son poste, de suivre les nouveaux schémas qu'il lui sera donné de connaître par la lecture des périodiques ou des quotidiens.

## Comment lire un Schéma de Montage de T. S. F.

Pour indiquer la manière de monter les différents organes sur un poste, on est obligé de se servir de signes conventionnels pour représenter les diverses sortes d'appareils. Il est évident qu'on ne saurait dessiner sur une représentation schématique l'appareil avec sa forme usuelle et l'on est obligé de recourir à des signes spéciaux qui, pour l'initié, représentent un objet bien déterminé.

Il est donc indispensable, si l'on veut se dépêtrer du fatras de lignes et de signes qu'un schéma montre à celui qui ne connaît pas la signification

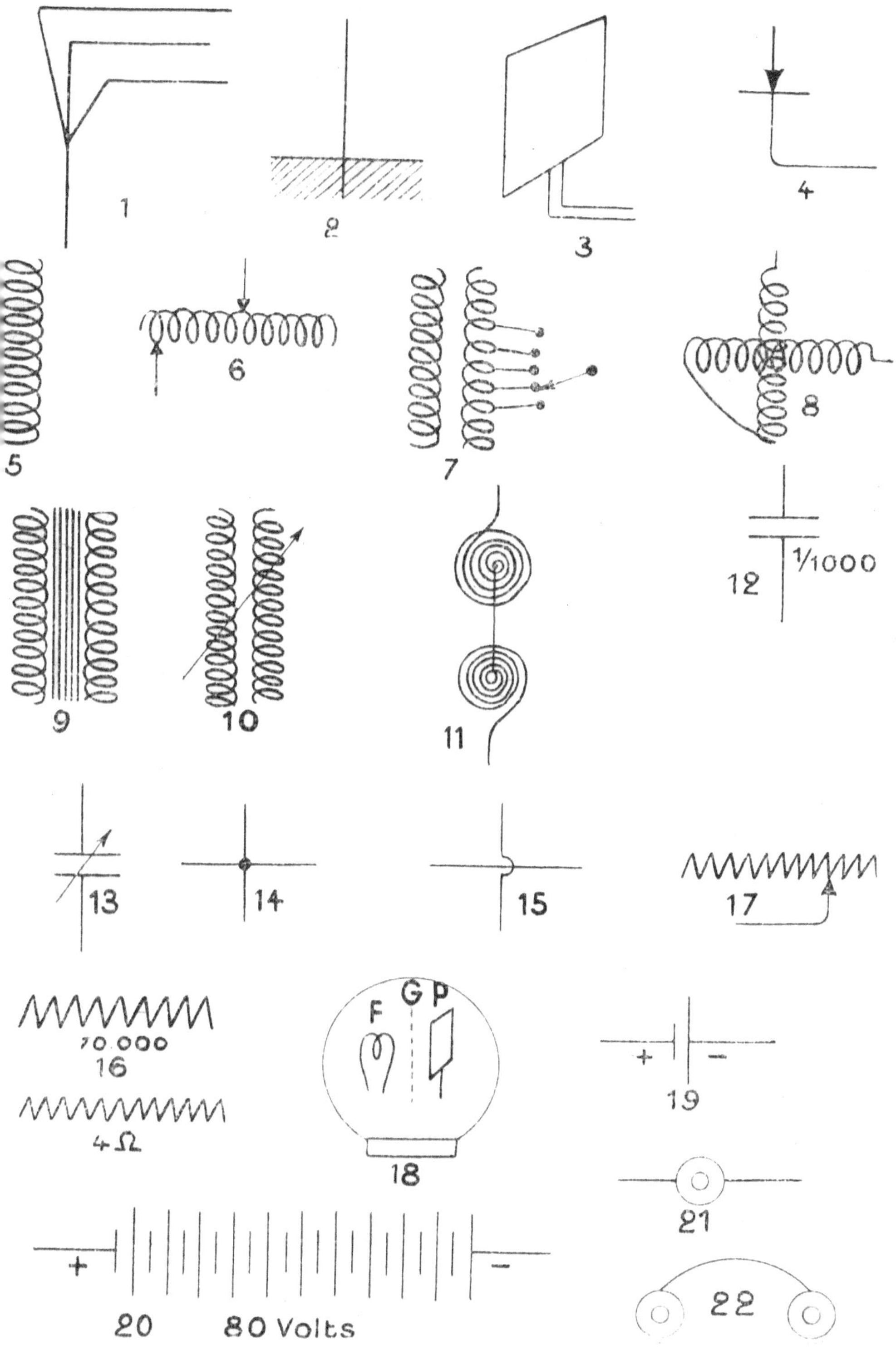
1
2
3
4
5
6
7
8
9
10
11
1/1000
12
13
14
15
17
70.000
16
4 Ω
F
G
P
18
+
−
19
21
22
+
−
20
80 Volts

de tous ces gribouillages, de se documenter tout d'abord sur ces différents signes conventionnels.

Comme nous avons l'intention de donner ici quelques indications sur des montages simples, nous avons pensé qu'il était utile de commencer par l'alphabet, c'est-à-dire indiquer quels étaient les signes les plus courants que l'on pouvait rencontrer dans les dessins schématiques de montage et quelles étaient leurs significations réelles.

Le croquis n° 1 représente une antenne. Généralement, on l'indique par trois fils d'une façon toute conventionnelle et cette antenne peut dans un montage, prendre toutes, les formes habituelles de ce genre d'organes, qui dépendent beaucoup de la disposition des lieux et de la possibilité d'utilisation.

Le croquis 2 représente une prise de terre qui est constituée, comme on le sait, en principe, par des pièces métalliques enterrées dans le sol ; mais il est bien évident que le schéma s'applique également à des prises de terre différentes, comme celle qui est constituée par une connexion sur un tuyau de conduite d'eau.

Le croquis 3 représente un cadre de réception, appareil utilisé surtout sur les postes à lampe, qui offre l'avantage de pouvoir s'orienter et de supprimer toute communication extérieure : antenne et prise de terre.

La figure 4 est le schéma d'un détecteur à cristal qui est toujours un cristal de galène.

La figure 5 représente un bobinage sur tube carton dans le cas le plus général.

La figure 6 représente la même bobine, mais avec deux curseurs o i frotteurs qui peuvent se déplacer de manière à faire varier le nombre d'enroulements qui se trouvent dans le circuit électrique compris entre les deux curseurs.

Le croquis 7 montre la disposition d'un montage de deux bobines inductives dont l'une est réglable au moyen de plots sur lesquels peut se déplacer un bras de contact.

Le croquis 8 est l'indication d'un variomètre, c'est-à-dire d'une bobine mobile qui peut s'orienter et tourner autour d'une bobine fixe.

Sur le croquis 9 on a représenté un transformateur employé dans les postes amplificateurs à lampes. Les lignes parallèles situées entre les deux enroulements indiquent que ce transformateur a un noyau métallique. Quelquefois on représente l'enroulement primaire avec des traits plus forts que ceux qui indiquent l'enroulement secondaire, lequel se trouve à droite sur la figure.

Sur le croquis 10, on voit le montage de deux enroulements inductifs constitués soit par des bobines à étage, soit par des nids d'abeilles ou des fonds de panier (nous examinerons successivement tous ces organes d'une façon plus détaillée) qui peuvent être orientés différemment l'un par rapport à l'autre de manière à faire varier les effets d'induction.

Le croquis 11 représente des enroulements en spirales plats couplés par paires.

En 12, les deux traits auxquels aboutissent deux conducteurs représentent un condensateur fixe et généralement on indique la capacité à côté du croquis. Ici la valeur 1 millième représente la capacité.

En 13 on a représenté également un condensateur. La flèche qui traverse les deux traits représentant les armatures indique que ce condensateur a une capacité variable, ce qui s'obtient en faisant tourner les armatures mobiles entre les armatures fixes.

En 14 et en 15 on a représenté des fils de connexion du montage. Le premier croquis indique que les deux enroulements qui se croisent sont reliés électriquement, tandis que le deuxième où l'on aperçoit une boucle sur l'un des fils, indique que les fils se croisent mais ne doivent pas se toucher électriquement ; ils font partie de deux circuits différents.

Sur le croquis 16 les traits en zigzag sans boucle représentent des résistances que l'on emploie dans les amplificateurs. Généralement, sous la résistance on indique la valeur ; ainsi sur les croquis : 70.000 montre la valeur de la résistance en ohms tandis que la valeur 4 en dessous indique 4 megohms ou 4.000.000 ohms.

Une résistance variable qui sert au réglage du chauffage du filament dans les lampes, qu'on appelle aussi rhéostat est figurée sur le croquis 17. La petite flèche indique qu'un curseur peut se déplacer sur le fil de la résistance.

En 18, on voit la représentation déjà connue d'une lampe à trois électrodes qui comporte le filament F, la plaque P et une grille G située entre les deux précédents organes. Cette lampe comporte quatre broches pour des arrivées successives de fils, et l'emplacement des broches est combiné de manière qu'il soit impossible de se tromper pour placer ces broches dans leur logement sur un appareil.

En 19 et en 20 on a représenté un élément de pile et une batterie de piles, suivant le schéma bien connu de ceux qui ont l'habitude de l'électricité. Il est bon d'indiquer le pôle positif et le pôle négatif, et quand il s'agit d'une batterie comme dans le croquis 20, on spécifie également le voltage, de la batterie, en l'espèce, ici, 80 volts.

En 21 et en 22 sont les appareils de réception. Le premier croquis représente un écouteur téléphonique, tandis que le croquis 22 représente deux écouteurs assemblés sous forme de casque que l'on place sur la tête et qui permet de maintenir chaque écouteur contre une oreille.

Ce sont à peu près tous les signes que l'on rencontre le plus habituellement dans les schémas courants. Quand il existe des appareils plus compliqués qu'il est nécessaire de spécifier d'une façon plus claire, en général, on représente très simplement la forme de l'appareil, la disposition des enroulements ou toute autre condition particulière.

Avec la liste que nous venons d'examiner l'amateur pourra suivre, avec fruit, tous les schémas que nous indiquerons par la suite. Il pourra ensuite s'exercer à les réaliser d'une façon pratique et chercher à obtenir des résultats pour sa plus grande satisfaction.

## - II -

# Antenne et prise de terre

### Installation d'une Antenne

Pour transmettre ou pour recevoir des ondes de T. S. F., il est presque toujours nécessaire qu'un ou plusieurs fils se trouvent placés à une certaine hauteur et communiquent avec une extrémité du poste, dont l'autre extrémité se trouve reliée à une prise de terre. La première chose à faire, consiste donc à installer l'antenne et la prise de terre.

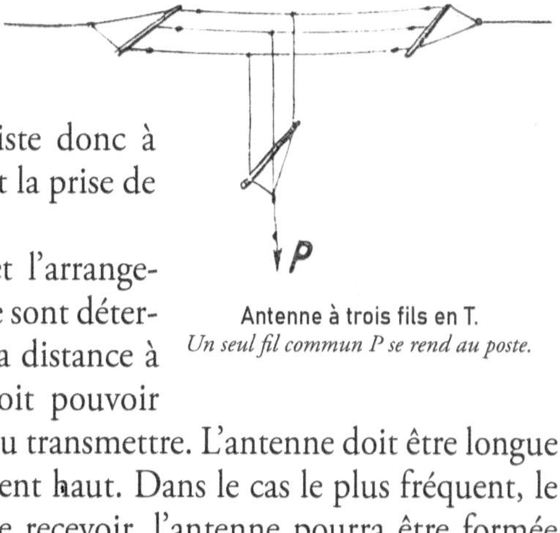


Antenne à trois fils en T.
*Un seul fil commun P se rend au poste.*

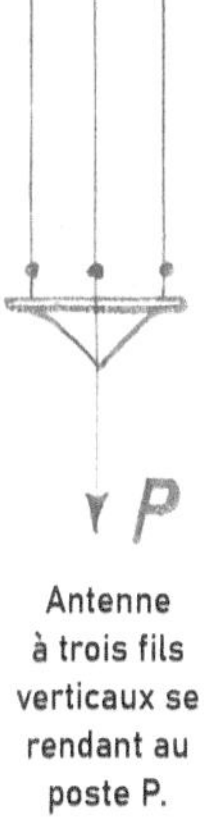


Antenne à trois fils verticaux se rendant au poste P.

La disposition et l'arrangement d'une antenne sont déterminés surtout par la distance à laquelle le poste doit pouvoir recevoir et s'il y a lieu transmettre. L'antenne doit être longue et placée suffisamment haut. Dans le cas le plus fréquent, le poste ne faisant que recevoir, l'antenne pourra être formée d'un seul fil d'environ 40 mètres de long, supporté par des isolateurs en porcelaine. Si l'antenne devait servir à transmettre, l'isolement exigerait des soins particuliers.

Il est probable, que la plupart des amateurs ne disposent pas d'une place suffisante pour installer de très grandes longueurs de fils et, dans ce cas, on a recours à des formes

Antenne en L se rendant au poste P.

différentes qui permettent de disposer des longueurs plus importantes.

La forme en T est la plus employée, c'est la meilleure quand il est possible de l'installer. Généralement on place trois fils parallèles situés à une distance de 70 centimètres à 1 mètre les uns des autres, suspendus à deux vergues par l'intermédiaire d'isolateurs. La communication des fils avec le poste se fait par trois fils verticaux qui viennent se connecter en un seul point au câble d'entrée du poste.

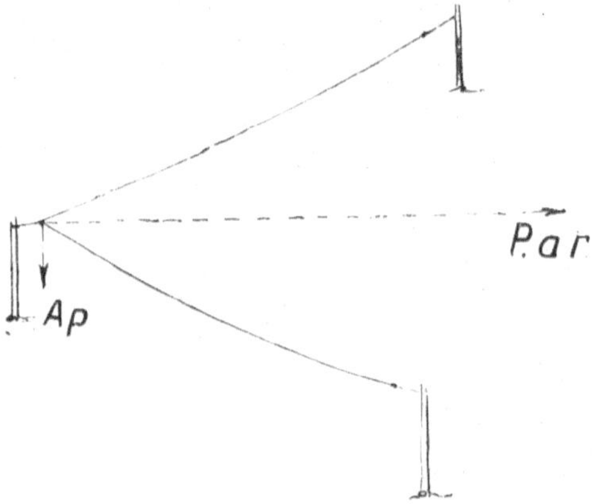


Antenne en V.
*Ap, poste et P.ar, direction du poste émetteur.*

Pour des distances courtes, les fils verticaux sont quelquefois suffisants ; on a alors une forme d'antenne dite en grille.

Dans la forme en L, la communication des fils de la nappe horizontale avec le poste se fait à une extrémité.

La forme en V est applicable lorsqu'on dispose de trois points de suspension suffisamment élevés ; dans ce cas, il est bon que l'antenne soit orientée de façon que le poste qu'on veut recevoir se trouve suivant la bissectrice du V formé, du côté de la pointe. Dans les antennes précédentes, les fils horizontaux doivent être disposés de préférence dans la direction du poste, mais ceci n'est pas absolument indispensable.

Pour éviter que le vent ne fasse tourner la nappe de fils horizontaux, on bride la vergue au moyen de haubans qui viennent s'attacher sur le poteau support, puis les vergues sont retenues au support de préférence par l'intermédiaire d'une poulie ou d'un cordon, ce qui permet de descendre facilement l'antenne.

Les isolateurs les meilleurs sont constitués par des pièces analogues à celles qui supportent les fils de trolley de la traction électrique, mais

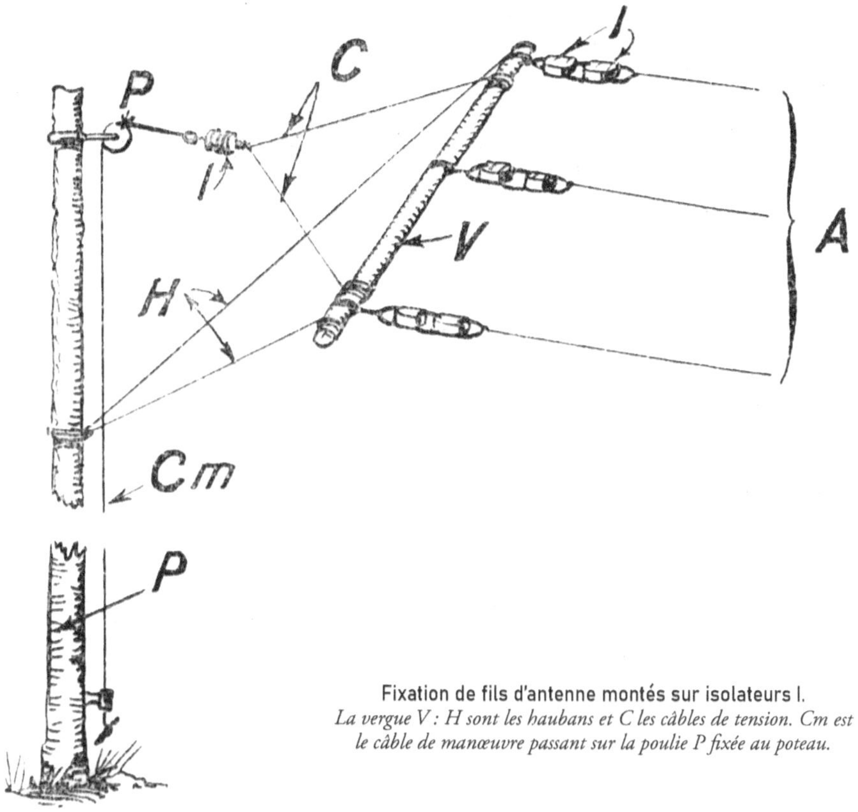


Fixation de fils d'antenne montés sur isolateurs I.
*La vergue V : H sont les haubans et C les câbles de tension. Cm est le câble de manœuvre passant sur la poulie P fixée au poteau.*

l'amateur pourra utiliser des porcelaines servant au support de fils dans les installations courantes. Le croquis représente l'installation de deux isolateurs de ce genre qui donnent un isolement très satisfaisant pour les antennes d'amateur. On peut prendre aussi des goulots de bouteille, comme l'indique le croquis et une amélioration importante consiste après montage à couler de la cire à cacheter dans le goulot.

Comme supports on emploie des poteaux et contrairement à ce que l'on peut penser, la hauteur n'a pas besoin d'être très grande : 10 à 15 mètres constituent un maximum que l'on n'a pas d'intérêt à dépasser.

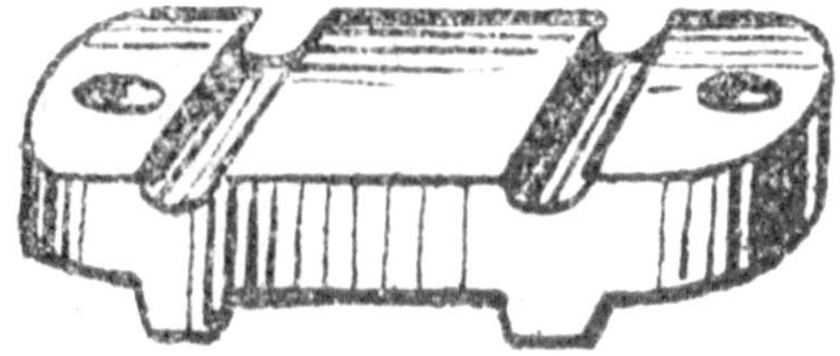

Isolateur pour fils pouvant être employé pour les antennes.

On peut naturellement choisir des arbres comme

supports et dans ce cas, il est intéressant de fixer sur l'arbre un petit potelet qui rendra l'antenne complètement indépendante ; il faut avoir soin que les fils d'antenne ne touchent ni branches, ni feuillage.

Montage de deux isolateurs entre la vergue V et le fil d'antenne A.

Quand on peut disposer du toit d'une maison ou du toit de deux maisons voisines, on fixe sur les cheminées des petits potelets en bambou, qui constitueront des supports merveilleux pour une antenne.

Enfin, quand il s'agit de postes transportables, notamment si l'on veut installer un poste récepteur, au cours d'une excursion, on utilisera l'antenne en éventail ou bien l'antenne en parapluie, celle-ci n'exigeant alors qu'un seul poteau support.

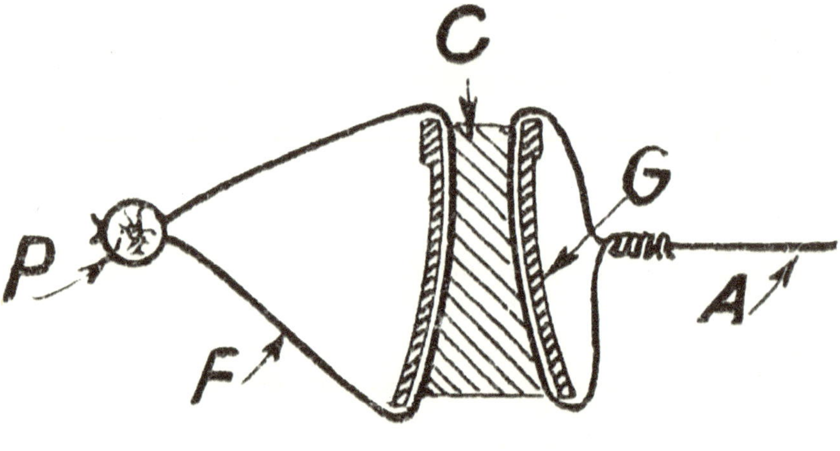


Goulot de bouteille G tenue sur le poteau P par du fil de fer F et tenant l'antenne A.
*On a mis de la cire à cacheter en C.*

Si l'on veut capter la téléphonie, il est nécessaire d'avoir des bonnes antennes et avec des postes à galène, l'antenne devra être beaucoup plus parfaite qu'avec des postes à lampes qui amplifient les signaux reçus. Une bonne disposition est celle de trois fils parallèles de 25 à 30 mètres, ce qui équivaut à un fil unique de 40 à 60 mètres environ ; ceci permet de recevoir des auditions jusqu'à 100 kilomètres de Paris environ, avec un bon poste à galène.

Pour des distances plus considérables, il faut augmenter la longueur des fils d'un mètre environ par 10 kilomètres, mais néanmoins, à des distances dépassant 300 kilomètres, il est indispensable, pour recevoir la T. S. F., d'adjoindre au poste à galène des amplificateurs à lampe ou d'utiliser uniquement un poste à lampes.

Le fil qui descend de l'antenne pour arriver au poste doit autant que possible être éloigné de 1 mètre environ des murs et il doit arriver dans l'habitation par un tube isolant en porcelaine ou par un tube isolé en bois goudronné ou paraffiné. Il reste maintenu au centre du tube par un ou deux bouchons de liège.

Le fil employé pour l'antenne ainsi que pour l'arrivée au poste est de préférence du fil de cuivre de 1 mm ou de $^{12}/_{10}$e de mm ; la descente jusqu'au poste pourra avantageusement être faite en fil isolé à la gutta. On peut utiliser aussi du fil de fer galvanisé mais, dans ce cas, la réception est moins bonne.

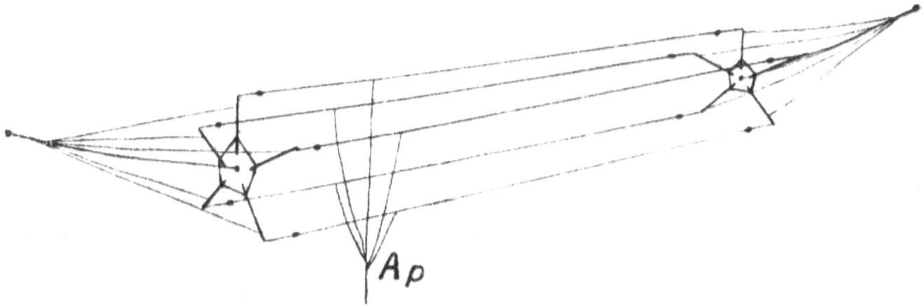

Antenne prismatique avec les fils de descente au poste Ap.

Les vergues et les poteaux seront autant que possible goudronnés pour éviter l'action destructive de l'humidité et des intempéries ; quant aux cordes qui supportent les vergues, aux haubans qui maintiennent les vergues horizontales, il sera bon de les paraffiner en les trempant dans un bain de paraffine fondue.

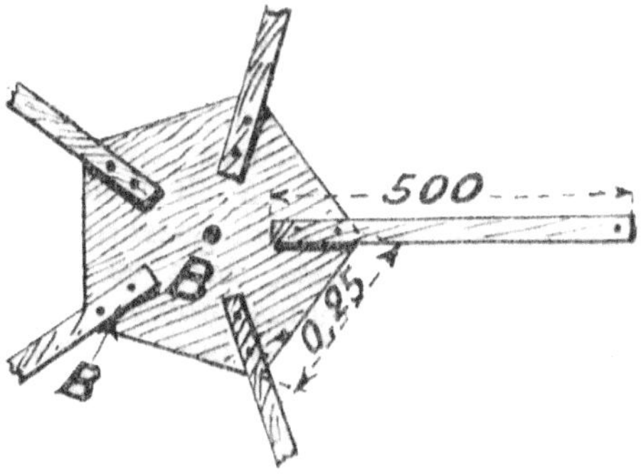

Plateau B en bois avec ses bras pour antenne prismatique.

Lorsqu'on dispose d'une place insuffisante, un bon type d'antenne est le suivant : Les fils forment une cage cylindrique et sont maintenus par des sup-

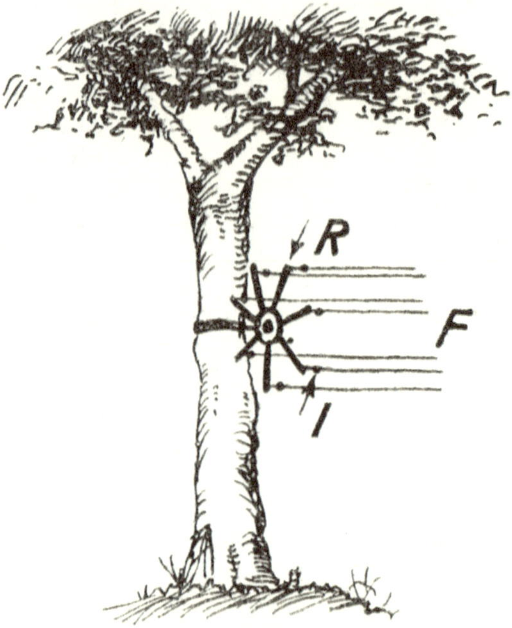


Montage d'une roue R tenant les fils F par l'intermédiaire d'isolateurs I.

ports, qui peuvent être formés de vieilles jantes de bicyclettes ou même de cercles de tonneaux. Les fils sont immobilisés sur ces supports en faisant faire deux ou trois tours aux fils. Toute cette cage est maintenue entre deux isolateurs, comme pour un fil d'antenne ordinaire, la descente au poste est formée par une cage similaire dont chaque fil vient se connecter électriquement aux fils de la cage ; ils se réunissent ensuite à l'autre extrémité en un point commun avec le fil qui communique avec le poste ; ce montage est recommandé en particulier, pour la réception des ondes courtes.

Le croquis donne le moyen de construire une cage de ce genre. On peut utiliser aussi, quand on dispose de poteaux solides ou de troncs d'arbres, deux vieilles roues de petite charrette qui constitueront une cage merveilleuse, après qu'on aura enlevé la jante.

## Prise de Terre

La meilleure et la plus simple prise de terre à employer est celle qui est formée par une conduite d'eau. Il ne suffit pas d'attacher le fil sur le tuyau, il faut d'abord frotter la surface avec du papier de verre pour enlever la peinture. C'est sur cette surface avivée que l'on place le fil de la prise de terre venant du poste ; un grain de soudure donnera un meilleur contact. (Il sera bon également de souder toutes les connexions des fils d'antennes si l'on est obligé d'en placer. )

Quand on ne dispose pas de conduite d'eau, de borne-fontaine, on peut faire descendre dans un puits un fil avec une plaque métallique. On peut aussi enterrer dans le sol des déchets métalliques de grande surface ; feuilles de zinc d'une vieille toiture, grillages métalliques, etc. ; on soude sur ces pièces un fil de cuivre rouge de $^{12}/_{10}{}^{e}$ de mm qui sera relié à la borne terre du poste.

Dans ce dernier cas, la prise de terre sera disposée dans un endroit humide ou bien on arrosera de temps à autre la place où se trouvent enterrés les déchets métalliques.

Une prise très sérieuse est constituée par de la tôle galvanisée ayant 50 cm de côté et disposée entre deux couches enterrées de coke pulvérisé.

## - III -

# Poste à Galène

Le poste à galène le plus simple que l'on puisse utiliser, même sur d'assez grandes distances, est constitué par un détecteur, une bobine d'accord, un condensateur et un écouteur. C'est le montage en Oudin. Examinons successivement ces pièces les unes après les autres.

### Détecteur

Le détecteur utilisé est un morceau d'un minerai spécial, le plus habituellement de la galène (sulfure de plomb), qui est placé dans une coupelle métallique ; on peut explorer ce minerai avec la pointe d'un fil métallique. Ce contact électrique imparfait obtenu, change les courants oscillants en courants de même sens qui peuvent venir impressionner la membrane d'un récepteur ; cette membrane vibre et produit un son.

On construit donc une petite coupe en laiton qui peut être formée par un morceau de tube, sur lequel on vient souder ou sertir une rondelle de laiton.

Au centre de la rondelle, on perce un trou de façon qu'une vis à bois puisse fixer la coupelle sur une planchette. Dans la paroi latérale, on perce un trou que l'on taraude de manière à placer une petite vis de serrage en laiton destinée à immobiliser le cristal de galène.

La prise de courant se fait sous la coupelle au moyen d'un fil qui entoure la vis à bois ; les surfaces sont avivées de façon à avoir un bon contact.

L'autre partie du détecteur est formée d'un fil de bronze dur, terminé d'un côté par une boucle, de l'autre par un boudin duquel sort l'extrémité, préparée en pointe au moyen d'une petite lime douce. Le fil est fixé à la distance voulue de la coupelle sur la planchette au moyen d'une vis à bois et d'une rondelle ; la prise de courant se fait au moyen d'un fil qui s'enroule sous la tête de la vis abois.

Un dispositif encore plus simple est formé par le culot d'une douille de cartouche, que l'on fixe sur un socle au moyen de pointes. Dans cette douille, on peut monter un tube de verre immobilisé avec de la cire à bouteilles, mais cela n'est pas nécessaire.

Un bouchon traversé par un fil de bronze, terminé d'une part par un boudin et une pointe, de l'autre par une vis soudée au fil s'enfonce

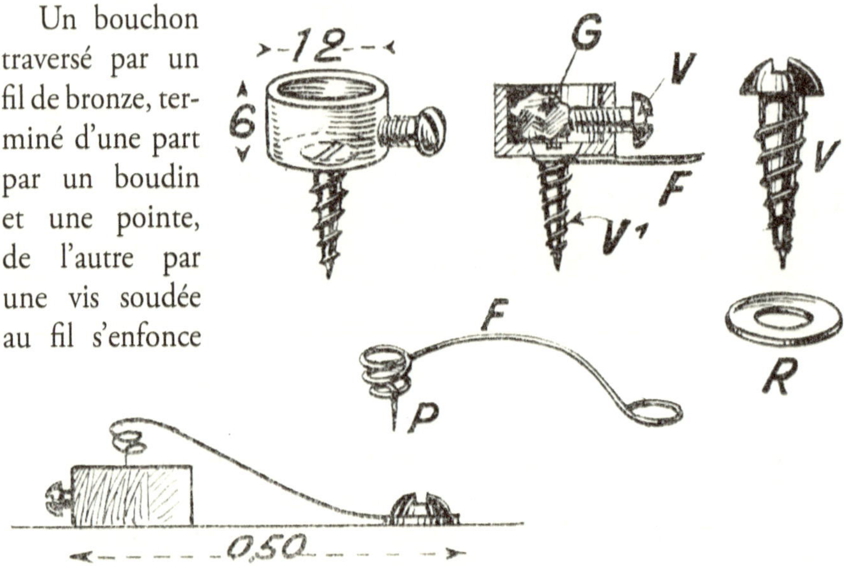


**Montage d'un détecteur à galène G,**
*La vis V fixe la coupelle sur le socle, la vis V serre le cristal. Le fil F prend contact par la rondelle R. Le fil chercheur F se termine en pointe P.*

au centre du tube de verre et de la douille. La pointe n'est pas disposée exactement au centre ; elle est excentrée, de façon qu'en tournant le bouchon, la pointe ait plus de chance d'explorer la surface du cristal.

Les connexions sont obtenues au moyen de deux fils de cuivre soudés l'un à la douille, l'autre à la vis supérieure.

Pour immobiliser la galène dans la douille, on peut placer du papier d'étain tassé tout autour de la galène ; une disposition meilleure est celle qui consiste à fondre ce papier d'étain, de sorte que la galène se trouve ensuite enchâssée dans de l'étain solidifie. Ce même dispositif de fixation du cristal peut être appliqué dans le premier modèle de détecteur que nous avons indiqué.

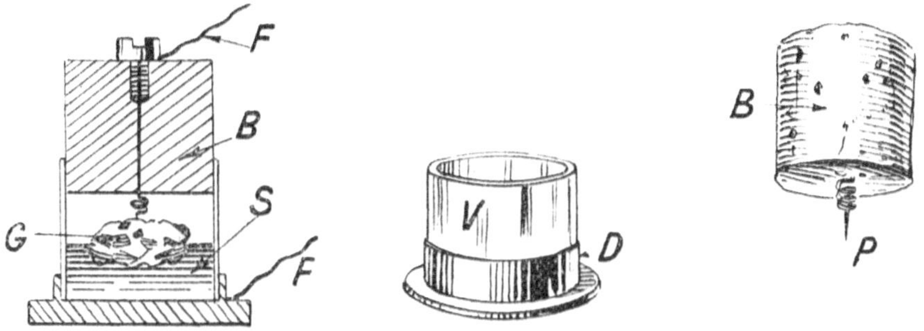


Détecteur sur culot de cartouche D avec tube verre V.
*Le bouchon B porte la pointe P. La galène G est enchâssée dans la soudure S. Les fils de connexion sont en F.*

## Bobine d'accord

La bobine d'accord est constituée par un tube en carton sur lequel on enroule du fil isolé. Ce fil est dénudé suivant une ou plusieurs génératrices et des curseurs qui se déplacent permettent de faire varier ainsi le nombre de spires de fil mises en circuit.

Les joues de la bobine sont formées de deux plaques de bois dur aux cotes indiquées ; dans ces joues on prépare une rigole circulaire qui sert à recevoir et à maintenir le tube carton. Si l'on ne peut préparer simplement ces rigoles, on se contente de placer trois taquets formant les sommets d'un triangle équilatéral, inscrit dans le cercle que représente l'intérieur du tube de carton.

Les joues sont clouées sur un grand socle et on prend soin, avant de fixer la deuxième joue, de mettre en place le tube carton. Ce tube en carton doit être rigide, et on trouve dans le commerce des morceaux de tubes tout préparés pour cet usage.

On peut également fabriquer soi-même un tube en enroulant du carton sur un cylindre de bois, sur une bouteille à la dimension voulue ; on colle les deux extrémités et dans ce cas, on a soin d'amincir les extrémités en sifflet pour que le joint ne représente qu'une sur épaisseur faible ou nulle. Le collage se fait avec de la colle forte ou de la seccotine

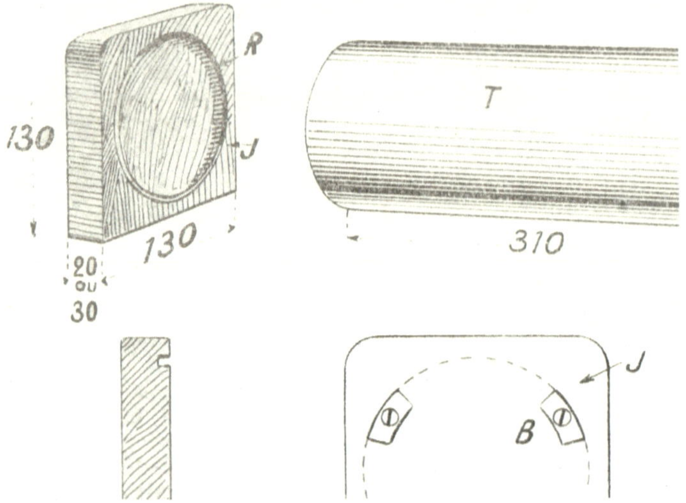


**Joue et carcasse d'une bobine d'accord.**
*En bas deux modes différents de fixation de la carcasse sur les joues.*

et, par un enroulement en ficelle, on maintient le tube ainsi collé jusqu'à ce que le séchage soit complet.

Pour éviter que l'humidité et les changements de température ne viennent ultérieurement déformer le tube en carton, ce qui aurait pour effet de faire jouer le bobinage et de rendre la bobine inutilisable, on le dessèche d'une façon parfaite en le plaçant dans un four à température peu élevée ; un four de cuisinière moyennement chauffé fera parfaitement l'affaire, en surveillant, bien entendu, le carton pour qu'il ne se carbonise pas.

Dès que le séchage est jugé complet, on recouvre le carton à l'intérieur et à l'extérieur avec du vernis à la gomme-laque, que l'on peut préparer facilement en faisant dissoudre de la gomme-laque en paillettes dans de l'alcool industriel. On laisse sécher la couche de gomme-laque et le tube est alors prêt pour le bobinage.

On utilise pour cela du fil de $^{6}/_{10}$ à $^{7}/_{10}$ de mm de diamètre. On peut prendre du fil isolé avec une simple couche de coton, mais il est préférable d'employer du fil émaillé d'aspect plus propre, plus facile à dénuder. Le fil est enroulé à spires jointives sur le tube et le commencement de l'enroulement est maintenu en place en préparant trois encoches sur l'extrémité du tube en carton ; le fil coincé dans ces encoches est ainsi solidement maintenu.

Ce travail du bobinage demande de la patience ; il est nécessaire qu'il soit parfaitement fait et la meilleure méthode consiste à maintenir le tube entre deux supports, puis à tourner la bobine de fil tout autour, en prenant la précaution de serrer les spires sur le tube et les unes contre les autres.

L'enroulement est arrêté à 1 cm ½ environ des extrémités : lorsqu'il est fini on coince l'extrémité du fil de la même façon que pour le commencement et on passe à nouveau une couche de vernis à la gomme-laque sur la bobine qu'on laisse sécher.

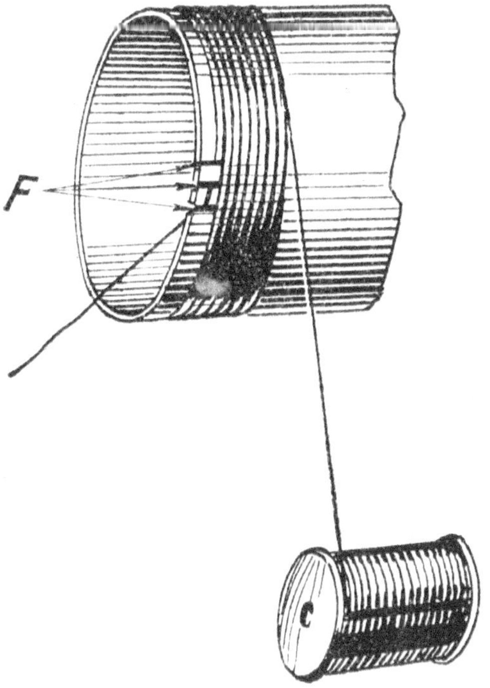

Manière de maintenir le fil F sur la carcasse au début de l'enroulement à la main.

On peut alors placer la bobine finie entre les joues et l'immobiliser par les rigoles ou les taquets ; on fixe ensuite les joues sur le socle qui, étant donné tous les appareils que l'on doit installer, a une dimension approximative de 400 mm sur 200 mm et 20 mm d'épaisseur.

Il sera paraffiné ou verni à la gomme-laque.

Le commencement de l'enroulement est relié à une borne (analogue à celle d'une borne de sonnerie ordinaire) qui sera vissée au centre de la joue; on fera de même pour l'extrémité de sortie du fil de la bobine. On a donc sur chaque joue une borne centrale.

Il ne reste plus qu'à disposer les curseurs sur cette monture de bobine. Quand on le peut, le modèle de curseur le plus pratique est celui qui est formé par un tube creux qui coulisse sur une barre rectangulaire en laiton, qui peut être également creuse. On trouve ces matériaux dans le commerce. Sous la partie qui coulisse, on fixe soit avec deux petits rivets, soit mieux avec de la soudure, une lame en bronze peu épaisse qui forme ressort ; on dispose aussi à l'intérieur du curseur une petite lamelle de laiton très mince soudée à l'extrémité qui assurera le contact du curseur avec la barre de laiton.

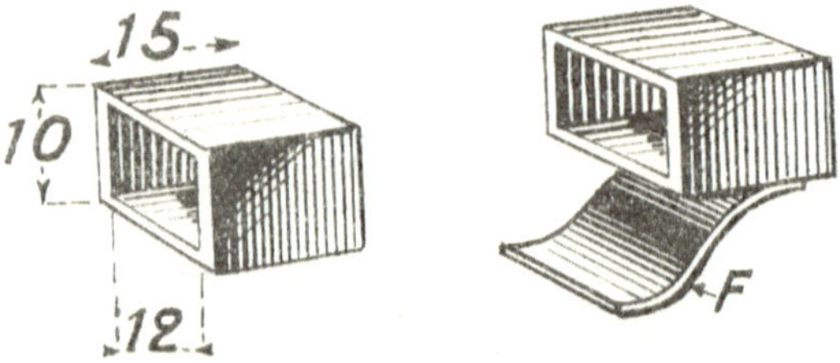


En haut glissière carrée creuse et en bas curseur seul puis muni de la languette frottante.

Si l'on n'a pas de tube carré, ni de barrette, on peut employer du laiton rond pour constituer les glissières et le frotteur. On peut prendre des tringles à rideaux, par exemple, et on lime les extrémités de façon à constituer deux épaulements ; ces épaulements servent à recevoir les trous des vis qui fixent la tringle sur les joues de la bobine. Le curseur pourra être formé par un tube de laiton dont le diamètre intérieur correspond à celui de la tringle ; la partie frottante est prise dans le tube lui-même, en découpant une languette, et la partie qui doit former serrage sur la tringle est obtenue par une autre languette repoussée vers l'intérieur, ainsi que le croquis l'indique.

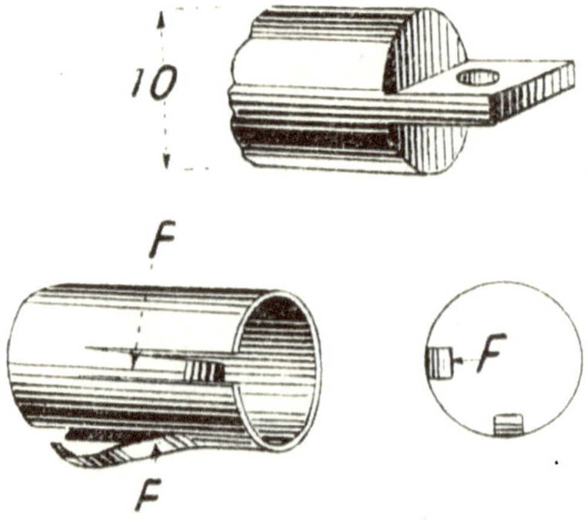


Glissière en laiton rond et curseur avec languettes F.

On fixe donc un ensemble d'une tringle et d'un curseur au milieu des joues à la partie supérieure et sur la face avant, de façon que le curseur, en se déplaçant, puisse venir frotter sur le bobinage suivant la génératrice du cylindre la plus élevée et suivant celle qui est la plus en avant.

Pour obtenir le contact du curseur, il faut dénuder l'isolement du fil. Ce travail doit être fait proprement et pour cela, on trace au crayon deux lignes parallèles au chemin du curseur, distantes de 4 à 5 mm environ. Avec un grattoir on enlève l'isolant du fil en ayant soin de frotter non pas suivant la génératrice, mais suivant le sens du bobinage, de façon à enlever uniquement l'isolant. Il faut en effet toucher le moins possible au fil pour ne pas l'écraser et former des contacts de spires à spires. Dès que ce travail est fait sur les deux génératrices de contact, on place les tringles et on essaye la manœuvre des curseurs qui doivent se déplacer sans résistance anormale.

## Condensateur

La réception sur un poste à galène est grandement améliorée par l'emploi d'un condensateur fixe ou variable. La plupart du temps le condensateur fixe sera suffisant, il évite que le courant direct passe à

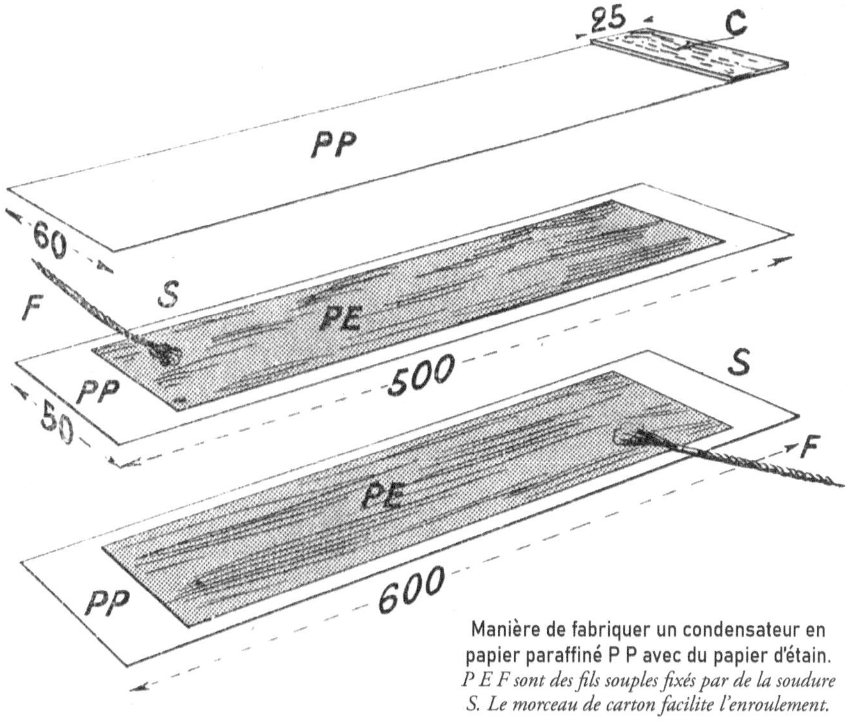


**Manière de fabriquer un condensateur en papier paraffiné P P avec du papier d'étain.**
*P E F sont des fils souples fixés par de la soudure S. Le morceau de carton facilite l'enroulement.*

travers la bobine au lieu de circuler à travers les spires. Le condensateur fixe est fabriqué avec des feuilles d'étain comme celles qui entourent les tablettes de chocolat. Une méthode simple de construire ce condensateur est la suivante.

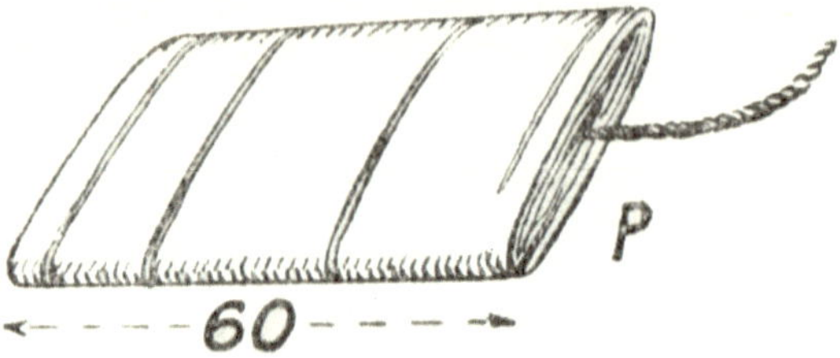


**Condensateur enroulé.**
*On met de la paraffine en P.*

On prend deux feuilles de papier d'étain aux dimensions du croquis et on les place sur des feuilles de papier écolier que l'on a imprégnées au préalable de paraffine et qu'on a laissé sécher. Si l'on n'a pas de feuilles d'étain suffisamment longues, on prend plusieurs feuilles, en ayant soin que les feuilles se recouvrent sur une petite longueur, de manière à obtenir un bon contact.

Une troisième feuille de papier paraffiné est placée sur les deux premières et le bloc ainsi formé est enroulé autour d'une plaquette de carton de 25 mm de largeur. Au préalable on place deux fils souples analogues à ceux que l'on emploie pour le fil de lumière ; ce fil souple est constitué par de petits fils torsadés. On enlève l'isolant à l'extrémité et l'épanouissement des fils de cuivre découplés assure un meilleur contact avec le papier d'étain. On améliore aussi grandement le contact en plaçant une goutte d'étain fondu ou de soudure.

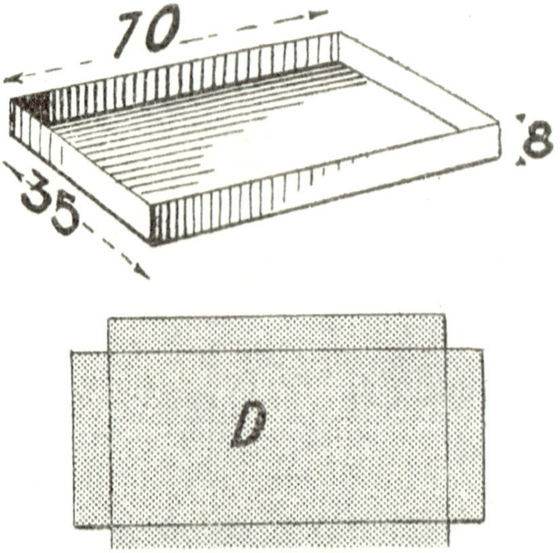


**Cuve en métal.**
*Le développement est en D.*

On enroule alors les feuilles de papier d'étain et on forme ainsi un petit bloc duquel sortent les deux fils de prise de courant ; ce bloc est maintenu par trois liens de fil et il est bon de paraffiner les extrémités d'où sortent les fils pour éviter l'action de l'humidité ; il suffit de les plonger dans un bain de paraffine fondue.

On prépare ensuite la boîte qui contiendra le condensateur. C'est une boîte en fer-blanc que l'on découpe aux dimensions du croquis, on replie les bords et on peut même les souder. Le condensateur est placé dans cette boîte après que celle-ci aura été fixée sur le socle de l'appareil. Si on le désire on coule ensuite de la paraffine fondue de manière à former un bloc qui maintient le condensateur dans la boîte. Le détecteur est monté à côté du condensateur sur le socle de l'appareil ; à l'extrémité du socle, à droite, on place deux bornes analogues à des bornes de sonnerie, sur lesquelles viendront s'attacher les fils de l'écouteur.

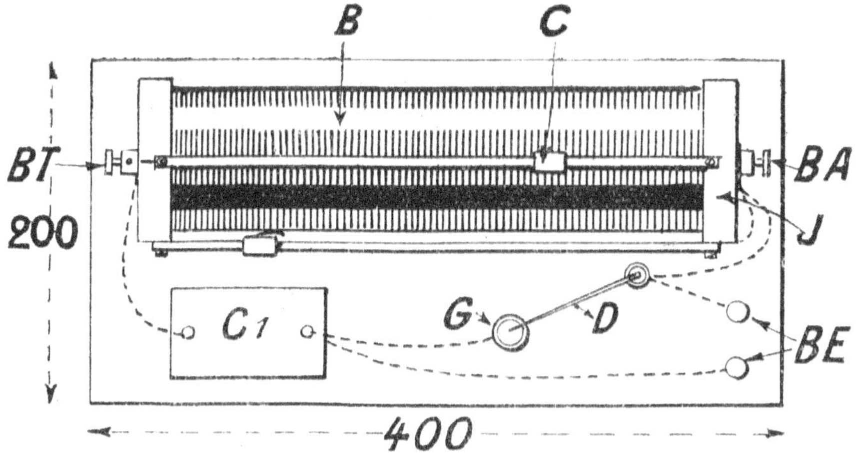


Plan d'un poste oudin fini.
*B bobine ; C, curseur ; BT, borne terre ; BA, borne antenne ; G, galène ; D, pointe du détecteur ; J, joue ; C, condensateur ; BE bornes de l'écouteur.*

## Écouteur

L'écouteur utilisé en T. S. F. est identique à celui que l'on emploie dans la téléphonie ordinaire, cependant on apporte à sa construction plus de soins et le bobinage a une résistance électrique plus grande.

Quand il s'agit de postes situés au voisinage des grands postes émetteurs, le récepteur téléphonique ordinaire d'une résistance de 250 ohms peut être à la rigueur suffisant, mais il est préférable d'avoir au moins 500 ohms de résistance. Dès qu'on s'éloigne un peu des postes émetteurs cette résistance augmente, elle arrive à 1.000, 2.000 et même 4.000 ohms. Une bonne valeur est celle de 1.800 à 2.000 ohms. L'amateur n'a pas intérêt à fabriquer son récepteur lui-même ; cela lui demanderait trop de temps et il faut un outillage trop complet pour obtenir de bons résultats. S'il est habile, il peut néanmoins, utiliser un ancien récepteur téléphonique, en remplaçant le fil des bobines. Pour obtenir une résistance de 2.000 ohms, les bobines devront être remplies de fil émaillé de 6/100 de mm.

## Emploi de deux écouteurs

L'écouteur simple n'est pas toujours suffisant pour recevoir parfaitement les émissions, il est souvent intéressant de prendre deux écouteurs et on peut facilement monter ces deux écouteurs sur un support qui entourera le sommet de la tête et maintiendra les écouteurs aux oreilles.

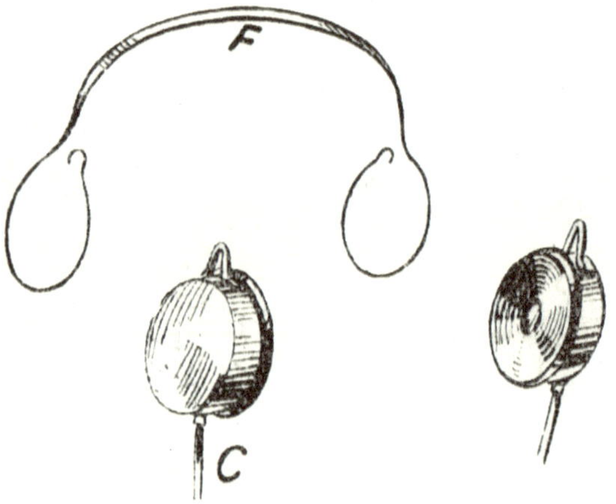

Montage de deux écouteurs avec deux fils isolés au coton. F C sont les cordons.

Pour cela on prépare une monture en fil suffisamment rigide, fil galvanisé ou même fil en cuivre. On pourra employer avantageusement du fil de cuivre isolé à la gutta. Sur la partie qui est en contact avec la tête, on pourra doubler ce fil et entourer les deux fils par une gaine en ruban de coton. Les extrémités seront recourbées de façon à entourer complètement la boîte d'un écouteur.

Si le fil est suffisamment rigide, cette monture sera aussi avantageuse que celles que l'on trouve dans le commerce ; elle permet de plus d'utiliser à volonté et immédiatement un récepteur simple, en le séparant de la monture.

## Montage du Poste

Les connexions à réaliser sur le poste sont indiquées d'une façon suffisamment claire sur le croquis. Ces connexions doivent être faites

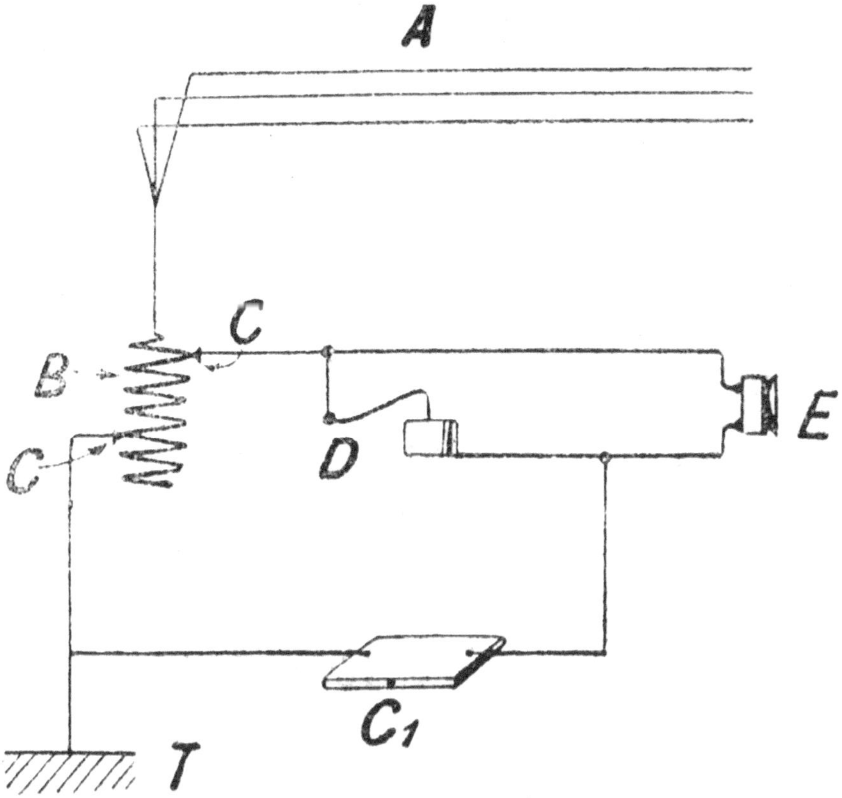


Schéma de montage.
*A, antenne ; B, bobine ; C, curseurs ; D, détecteur ; C, condensateur ; T, terre ; E, écouteur.*

avec du fil isolé et il est plus décoratif de les disposer sous la planchette en ménageant des rainures dans lesquelles se place le fil, généralement du fil émaillé de 6 à 8/10 ; il débouche devant chaque borne en passant dans un trou du socle.

Pour manœuvrer le poste, il faut placer la pointe du détecteur sur un point sensible de la galène, ce qu'on entend dans l'écouteur grâce à un petit bruit caractéristique.

On manœuvre ensuite les curseurs de la bobine par tâtonnement, de façon à disposer dans le circuit le nombre voulu de tours du bobinage, suivant le poste que l'on veut recevoir.

Sur le croquis, on voit indiquées la borne terre et la borne antenne reliées chacune à l'organe correspondant précédemment installé.

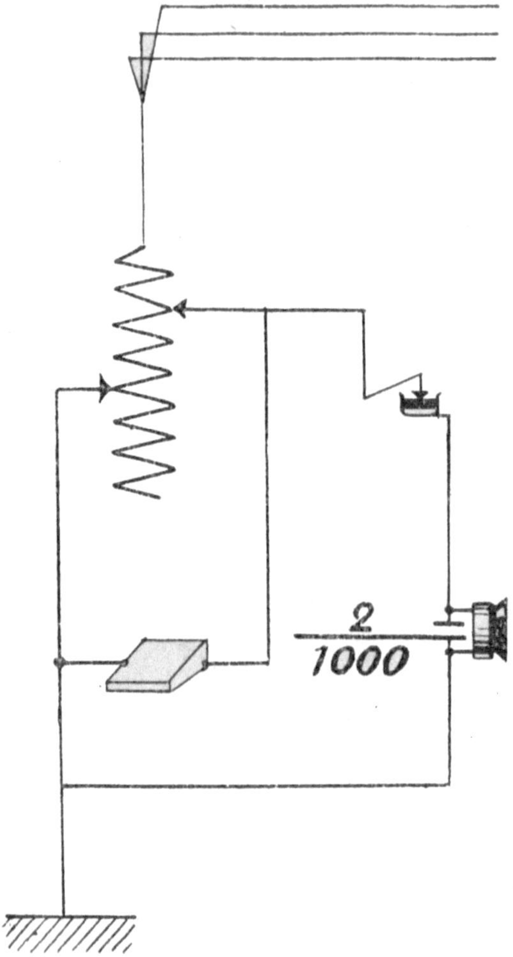


Autre schéma de montage
avec détecteur en série sur l'écouteur.

# - IV -

# Poste avec bobines d'induction

Le poste précédent est très simple, mais quand on veut avoir un accord plus complet et éliminer des postes gênants au cours d'une réception, on augmente la possibilité de couplage en prenant une bobine d'induction que l'on peut aussi construire facilement. C'est le montage en Tesla, qui se compose de deux enroulements également sur tube carton ; un enroulement primaire et un enroulement secondaire qui peut coulisser dans le premier de façon à augmenter ou à diminuer l'effet inductif. Des curseurs appropriés peuvent également changer sur chaque bobinage le nombre de spires qui se trouvent dans le circuit.

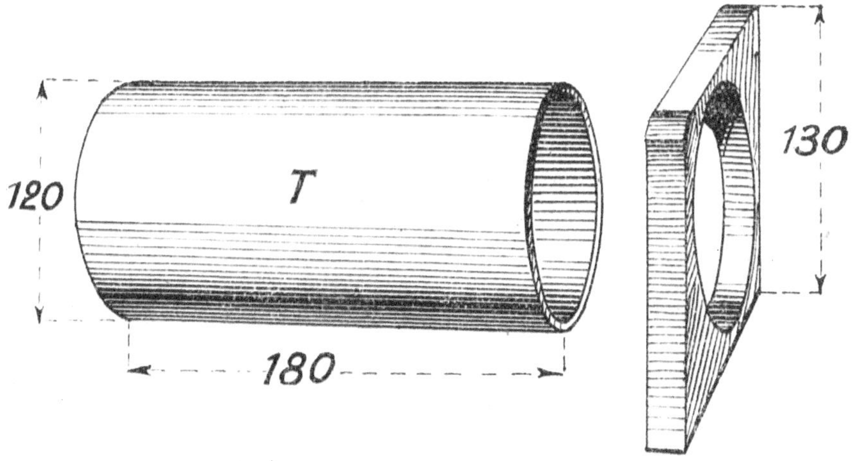


Carcasse T de bobine Tesla fixe avec la joue ajourée.

## Enroulement primaire

Cette bobine fixe est analogue à la bobine du poste simple que nous avons déjà construit, seules les dimensions changent, elles sont indiquées sur le croquis. L'une des joues comporte une rigole ou trois butées et un trou au centre dont le diamètre correspondra à celui du tube guide dont on dispose et que l'on installe ainsi que nous le verrons plus loin. L'autre joue ne comporte pas de rigole, elle est complètement ajourée de façon que le tube passe au travers.

On bobine le primaire avec du fil de 6/10 de mm, fil émaillé comme précédemment, que l'on dénudera de manière à placer une tige et un curseur : cette bobine est fixée sur l'extrémité d'un socle.

## Enroulement secondaire

C'est aussi une bobine en carton aux dimensions du croquis dont les joues sont cylindriques ; l'une des joues a un diamètre tel, qu'elle puisse rentrer à frottement dur dans le tube et y être immobilisée par de petites pointes ; l'autre joue entre aussi à l'intérieur du tube, mais elle présente un épaulement et bute contre le bord du tube carton. Le bobinage de l'enroulement secondaire se fait avec du fil émaillé de 5/10 de mm. Pour permettre à cette bobine de rentrer ou de sortir de la bobine primaire, on prend un tube guide qui sera fixé sur la joue extrême de la bobine primaire grâce aux trous préparés et qui passera dans les trous les joues de la bobine secondaire. Les trous seront suffisamment grands pour que la bobine puisse se déplacer sans frottement.

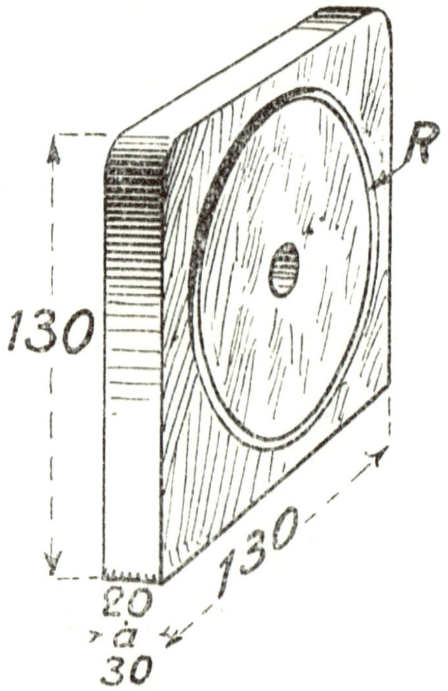

Joue pleine de bobine Tesla fixe.

Pour maintenir le tube guide à l'autre extrémité, on prépare

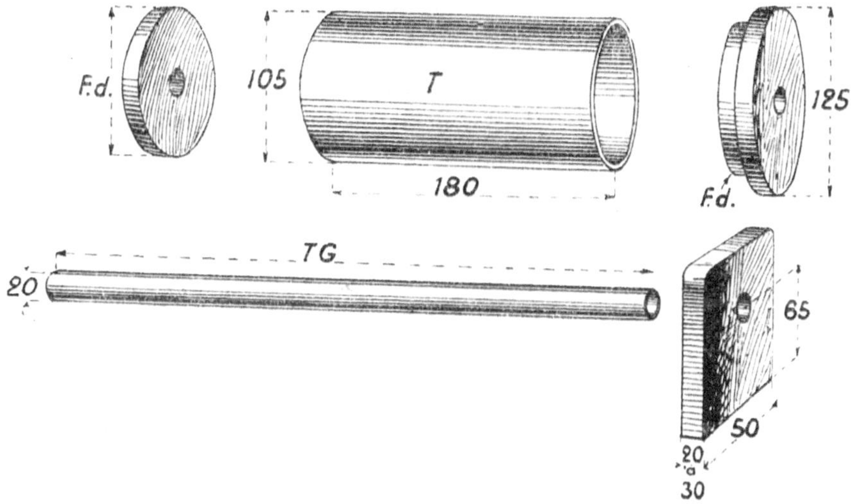


**Pièces de bobine variable.**
*Les parties Fd rentrent dans la carcasse T. ; TG est la glissère de la bobine qui rentre dans la joue carrée.*

un petit support en bois qui se trouvera fixé sur le socle à l'opposé de la bobine primaire.

La partie délicate est la préparation du curseur de la bobine secondaire. Ce curseur est constitué par une tige plate en laiton, coudée à angle droit de façon à recevoir un bouton de manœuvre. À l'autre extrémité, elle est cambrée pour venir frotter sur le bobinage de la bobine secondaire dénudée suivant une génératrice.

On comprend qu'en tirant ou en éloignant cette tige de laiton, on prend sur la bobine secondaire plus ou moins des spires dans le circuit. La tige doit être maintenue dans une glissière dont la forme est celle du croquis ; cette glissière est fixée par des pointes sur la joue épaulée de

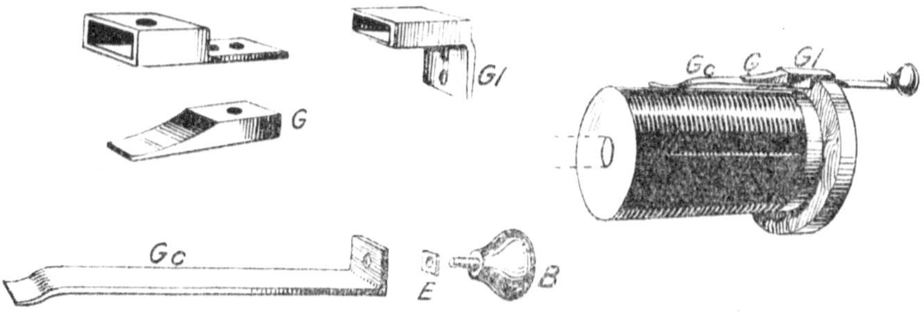


**Bobine variable finie avec l'aiguille Gc, la butée G et la glissière Gl.**

la bobine. Une pièce guide, avec un bec, est introduite et immobilisée dans la glissière.

Les cotes doivent être prévues de façon que le glisseur de contact se déplace à frottement dur, le bec du guide forçant la partie frottante à rester en contact avec la bobine.

L'ensemble de la bobine primaire et de la bobine secondaire est monté sur un socle.

En déplaçant le curseur du primaire ou le glisseur du secondaire et en enfonçant plus ou moins la deuxième bobine dans la première, on conçoit qu'on puisse obtenir un accord très parfait des postes suivant les ondes qu'il s'agit de recevoir.

## Montage

Pour réaliser les connexions avec la bobine secondaire on prend un cordon souple analogue à celui d'un écouteur, qui sera fixé d'une part à deux bornes, de l'autre au glisseur de contact, par suite à la glissière sur les vis de la joue, et d'autre part à l'extrémité de sortie du bobinage, également sur la joue avant.

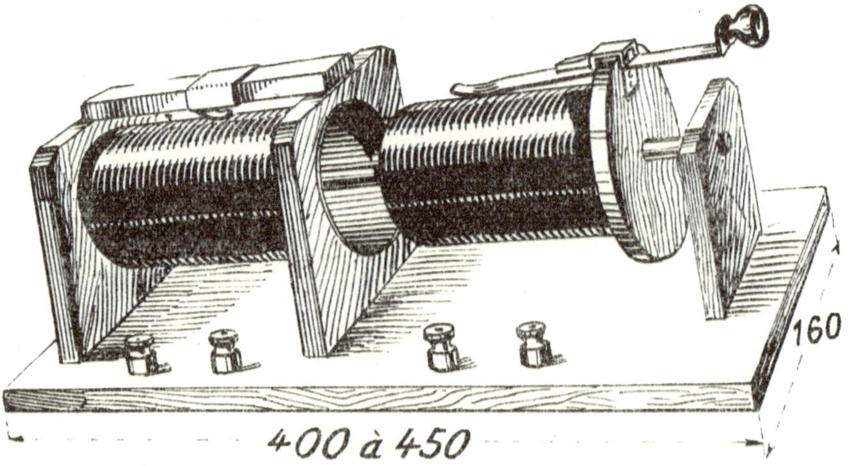


Bobine Tesla complètement montée montrant les dimensions du socle.

Les deux bornes placées devant la bobine primaire seront reliées d'une part à une extrémité de l'enroulement, d'autre part, à la barrette sur laquelle se déplace le curseur ; ce sont les deux bornes antenne et terre du poste.

On branche ensuite suivant le schéma indiqué aux deux bornes placées devant la bobine secondaire le détecteur, le condensateur et l'écouteur qui seront du même modèle que ceux que l'on a utilisés pour le poste monté en Oudin.

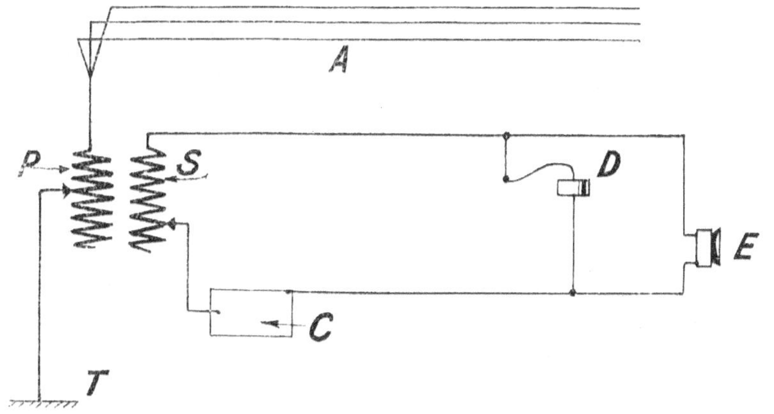


**Schéma de montage du poste Tesla.**
*À, antenne ; P, primaire ; S, secondaire ; T, terre ; C, condensateur ; D, détecteur : E, écouteur.*

# - V -

# Réception sur cadre

On sait que la réception des ondes exige un collecteur destiné à capter les ondes qui se déplacent dans l'espace. Pour cela, on emploie généralement une antenne, et lorsque la chose est possible, c'est ce dispositif qu'il faut surtout recommander, car on a alors la possibilité de prendre des postes récepteurs simples et souvent la réception sur galène est suffisante.

Si l'installation de l'antenne n'est pas possible, on est obligé d'avoir recours à des collecteurs d'ondes constitués par des enroulements de fil avec des spires disposées en hélice sur une armature de bois. Ce dispositif s'appelle un cadre. Le cadre est très employé pour la radio goniométrie, car il ne peut collecter des ondes que si son plan se trouve dans la direction du poste émetteur.

On comprend que, devant tourner le cadre, la réception sera maximum lorsque le cadre est en bonne position, qu'elle sera minimum ou nulle lorsqu'il se trouvera dans une position contraire. S'il s'agit simplement de recevoir des émissions à une distance très faible, on peut se contenter de bobiner du fil sur un simple tube, de la même façon qu'on fait pour une bobine d'accord mais, malgré tout, on ne pourra entendre que les émissions télégraphiques des postes immédiats.

## Cadre orientable

Voici une manière simple de constituer un cadre très léger et très robuste malgré tout.

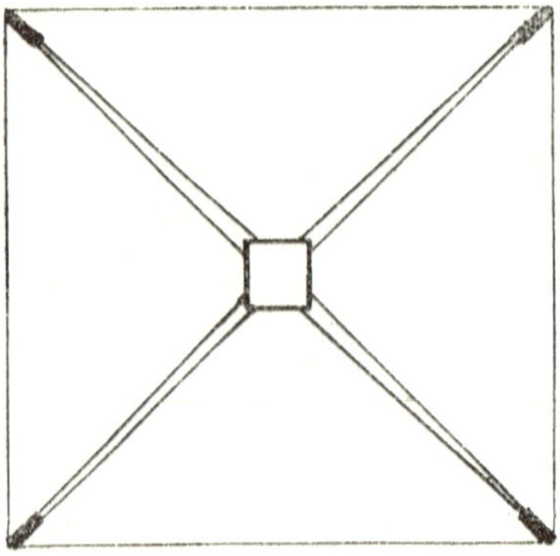

Vue du cadre bobiné.

On prend quatre planches de sapin qui sont sciées en biseau à la base sur une longueur de quelques centimètres ; elles sont assemblées au moyen de vis sur un moyeu carré, comme il est indiqué sur la figure. Dans ce moyeu on a, au préalable, percé un trou sur toute la largeur.

Ce trou est destiné à recevoir un petit axe monté sur une tige verticale ; à la partie supérieure la tige se termine par un chapeau muni d'un index qui se déplace devant un cercle gradué permettant de fixer exactement la position du cadre pour une audition déterminée.

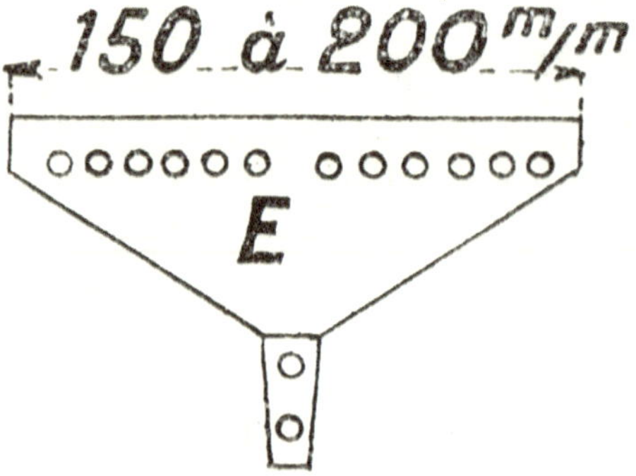


Forme de l'extrémité des bras E.

Si l'on ne peut percer un trou dans le bloc, on se contente de placer la pièce verticale comme il est indiqué sur la figure et de disposer dans cette pièce une rigole qui viendra supporter une tige destinée à permettre la rotation.

Pour supprimer l'index on peut se contenter d'établir une simple boussole sur le bloc de bois et elle donnera les indications convenables pour l'orientation. L'axe de rotation est constitué par une tige en laiton qui se trouve fixée dans une pièce de bois rond, et de cette façon on assure une rotation exacte du cadre, grâce à un pied léger constitué par deux morceaux de bois et le bloc qui les réunit. Sur ce bloc se trouve assujetti le poteau vertical.

À l'extrémité des ailes du cadre, on emploie de petites plaquettes en bois paraffiné, très minces. Pour paraffiner le bois, il suffit de le tremper dans un bain de paraffine fondue, ou d'étendre à la surface de la paraffine avec un fer chaud.

Si on le peut, il est plus intéressant de constituer les petites plaquettes avec de l'ébonite. On perce vingt trous situés à une distance de 5 à

6 mm les uns des autres. Ces trous sont destinés à recevoir les fils du bobinage ; ils sont divisés en deux groupes de chaque côté de l'axe du cadre, de façon à permettre entre le bobinage le passage du poteau vertical qui supporte l'axe.

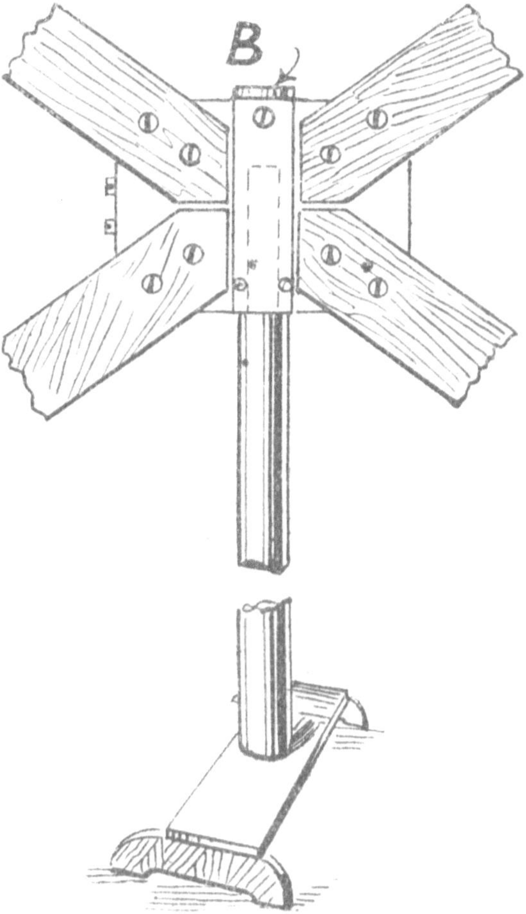

Montage du pied avec une boussole B pour donner l'orientation.

Les dimensions seront de 1 mètre de côté pour le cadre, et on peut en déduire, soit par le calcul, soit par le dessin, la longueur des diagonales.

La largeur des plaquettes en ébonite devant supporter les fils sera de 15 à 20 centimètres.

Bien entendu pour utiliser ce cadre avec fruit, il faut prendre un condensateur qui permet de régler facilement la capacité de l'antenne et de l'accorder à la longueur d'onde du poste qu'on désire recevoir.

Ce cadre exige presque toujours l'emploi d'amplificateurs à lampes sur poste à galène où l'emploi d'un détecteur à lampes qui permettent de déceler les ondes avec plus de sensibilité.

## Cadre plat

On a constaté que pour recevoir la téléphonie, on a souvent avantage à employer le cadre enroulé en spires plates qu'on appelle aussi cadre à toile d'araignée. Dans ce cas, le montage est encore plus simple, car il suffit de disposer à l'extrémité des diagonales de simples plaquettes rec-

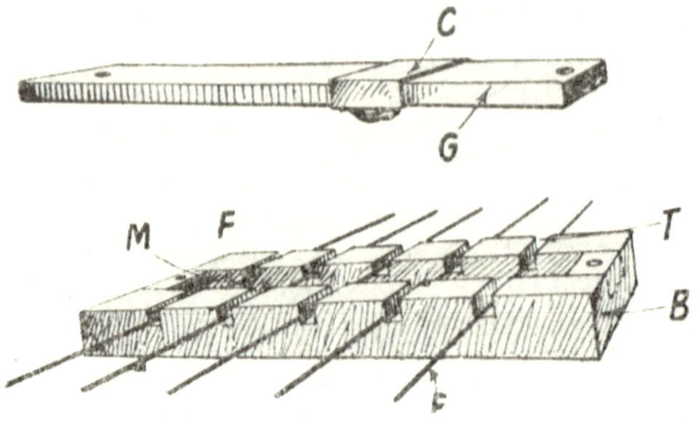


**Montage pour cadre variable.**
*B. bloc bois ; T, traits de scie ; M, mortaise ; F, fils du cadre ; FI, fils dénudés en partie à l'intérieur de la mortaise ; G, glisssière ; C curseur.*

tangulaires d'ébonite sur lesquelles on fixera des chevilles avec isolateurs en os destinées à supporter les fils du bobinage.

Dans le cas spécial où la téléphonie est reçue avec un cadre à spirales plates on peut supprimer la carcasse du cadre en disposant l'enroulement sur une cloison ou sur un mur. On fixe les plaquettes en ébonite dans le sens des diagonales d'un carré, de la même façon que nous l'avons indiqué pour le cadre à spirales plates.

Il faut choisir naturellement le mur de façon que son plan passe par la direction du poste que l'on veut écouter.

On peut objecter immédiatement qu'une installation de ce genre ne permet de ne recevoir qu'un seul poste ; ce sera d'ailleurs le cas le plus général pour les installations ou le mur choisi aura son plan dirigé de façon qu'il passe par Paris, mais s'il s'agit d'un poste susceptible de recevoir des émissions dans des directions très différentes le cadre doit être orienté, et un moyen original est comme nous l'indiquons plus loin, celui qui consiste à le monter sur une porte que l'on peut faire tourner de façon que le plan de cette porte soit disposé à volonté suivant la direction du poste que l'on veut entendre. C'est là une particularité de cadre radio goniométrique.

Lorsqu'on emploie le cadre avec un poste de réception, il est bon d'utiliser des dispositifs de réglage plus parfaits que celui qui adopte une simple bobine d'accord.

Dans ce cas, le montage en induction ou montage en Tesla est tout indiqué. On peut employer des bobines cylindriques rentrant l'une dans l'autre, qui sont le Tesla classique, ou mieux encore des enroulements en fond de panier dont l'écartement et la rotation peuvent être rendus très variables. Il est facile de construire des enroulements de ce genre. Nous l'indiquerons par la suite.

## Fabrication d'un cadre réglable

Au lieu d'enrouler les fils sur un encadrement en forme de bobine, on a avantage à placer l'enroulement sur une cloison en disposant quatre morceaux de bois suivant les diagonales du carré ou du rectangle.

Le fil est maintenu sur les pièces en bois au moyen de cavaliers isolants, analogues à ceux que l'on emploie pour l'installation des fils électriques de sonnerie. Une bonne dimension, quand on peut fixer le cadre sur une cloison est de 2 mètres sur 2 mètres mais il est nécessaire de brancher un nombre de spires plus ou moins grand suivant la longueur des ondes du poste que l'on veut entendre.

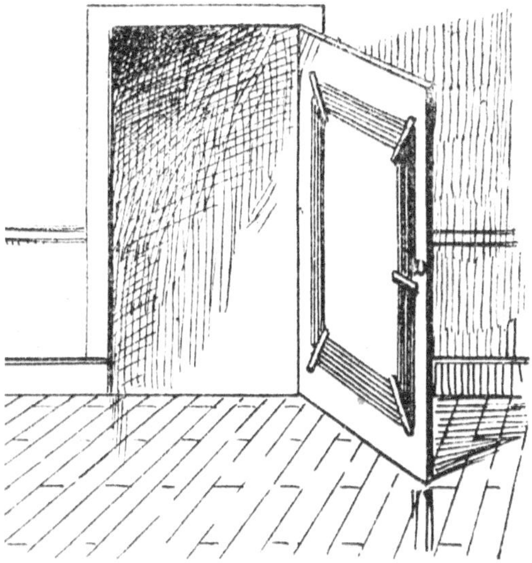

Cadre placé sur une porte pour orientation.

Voici quelques indications :

| Longueurs d'onde | Tours |
|---|---|
| 200 à 250 | 2 |
| 400 à 600 | 4 |
| 600 à 800 | 7 |
| 800 à 1.000 | 10 |
| 1.000 à 2.000 | 20 |
| 2.000 à 3.000 | 30 |

Le fil utilisé est du fil de sonnerie ordinaire et les spires seront placées à une petite distance les unes des autres. Voici un moyen de changer immédiatement le nombre de spires du circuit dont les deux extrémités sont réunies aux bornes « antenne » et « terre » du poste. On prépare une plaquette de bois un peu plus longue que la largeur du bobinage et on fait une mortaise au milieu que l'on peut obtenir plus facilement en la faisant déboucher de chaque côté suivant les traits pointillés et en plaçant ensuite des petits taquets dans lesquels passeront les vis fixant le support sur la cloison.

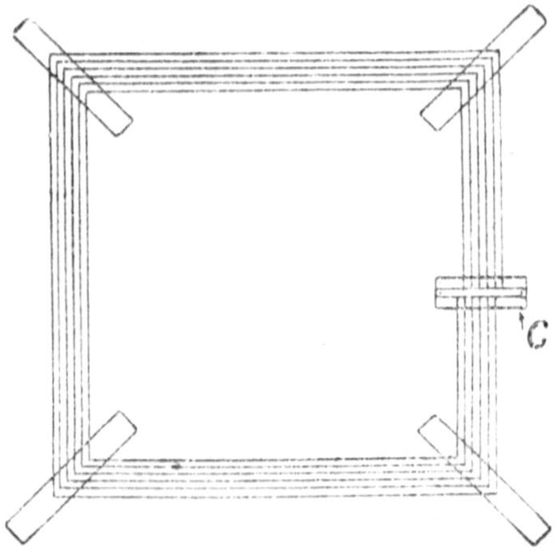


Cadre en toile d'araignée avec pièce de réglage.

On fait, perpendiculairement à la mortaise, autant de traits de scie qu'il y a de fils dans le cadre, de façon que chaque fil puisse se placer dans une encoche. La partie du fil fibre dans la mortaise est dénudée de la même manière que pour l'enroulement des bobines d'accord et on dispose au-dessus de la mortaise un guide en laiton et un curseur analogues à ceux que nous avons fabriqués pour les postes à galène.

Le curseur se déplace et vient en contact avec le fil de cadre que l'on désire ; les encoches peuvent être numérotées de manière à placer immédiatement le curseur suivant le nombre de spires que l'on veut introduire dans le circuit.

Les prises de connexion se feront, d'une part, au commencement de l'enroulement, d'autre part, sur le guide en laiton du curseur ; de cette manière on pourra immédiatement prendre du cadre le nombre de spires voulues. Cette disposition a l'inconvénient de laisser subsister un bout mort.

L'inconvénient du cadre est que pour recevoir parfaitement un poste émetteur, il est indispensable de l'orienter, c'est-à-dire de le disposer de façon que son plan passe par la direction du poste émetteur. Comme on l'a vu déjà, un moyen ingénieux de permettre l'orientation d'un cadre consiste à placer ce cadre sur une porte ; en faisant tourner la porte, on oriente alors le cadre suivant la meilleure position de réception.

# - VI -

# Condensateurs

## Condensateur variable

On peut réaliser facilement un condensateur variable avec un verre de lampe. Les dimensions indiquées sur le croquis correspondent à peu près à une capacité de 5/10000 de microfarad. On commence par choisir un verre de lampe cylindrique et on prépare deux bouchons qui rentrent à frottement dur à chaque extrémité.

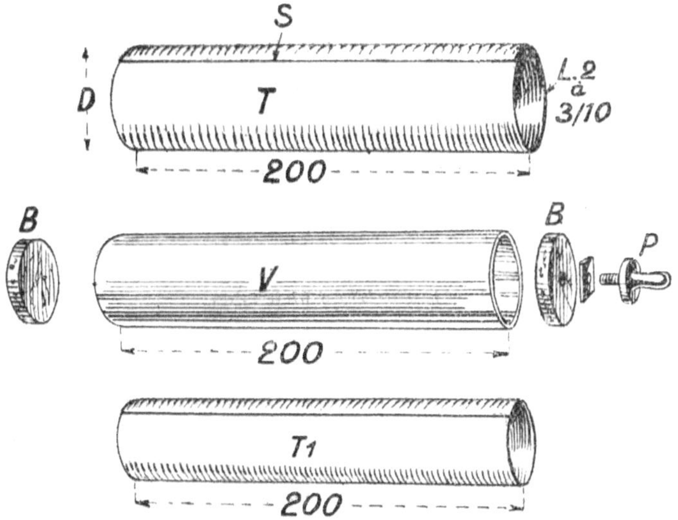


**Pièces de condensateur variable.**

*V, tube verre avec les bouchons B et la poignée P ; T, tube laiton en feuille laiton L. Le diamètre correspond à celui du tube V. T' est un tube laiton monté à l'intérieur et en S on fait une soudure.*

Sur l'un des bouchons, on place une tige métallique filetée avec un écrou qui servira à maintenir une poignée de manœuvre de l'appareil. On roule une feuille en laiton de 2 à 3/10 de mm sur la surface extérieure du verre à une très petite distance de chaque extrémité et on aura avantage à assembler ce tube au moyen de quelques points de soudure, en le serrant fortement sur le verre.

On prépare un deuxième tube de la même manière, de façon qu'il puisse rentrer à l'intérieur du verre de lampe et épouser la surface intérieure. Tout cet ensemble est monté sur deux supports creusés d'après la forme du tube de laiton extérieur.

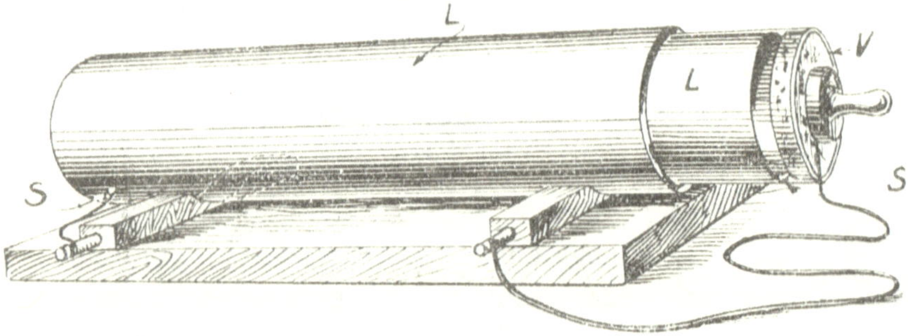


Condensateur monté sur socle avec des points de soudure en S.
*L sont les pièces laiton et V le tube verre.*

Celui-ci portera un fil de prise de courant soudé sur le tube extérieur, qui est réunie à une borne. Une autre borne est réunie par un fil souple à la tige métallique formant la poignée, connectée elle-même par un fil de cuivre soudé au tube de laiton intérieur. Le fil souple a une longueur suffisante pour permettre de manœuvrer facilement la monture intérieure du condensateur, ce qui fait varier la capacité en conséquence.

## Condensateur à volet

On peut constituer facilement un condensateur variable en prenant deux plaques de laiton que l'on rapprochera l'une de l'autre au moyen d'une charnière.

Pour obtenir une capacité de 1 millième de microfarad, on prendra deux plaques laiton de 1 mm d'épaisseur ayant 80 mm sur 100 mm ; la plaque inférieure sera montée sur une planche de bois paraffiné, ou mieux d'ébonite et on collera au moyen de vernis à la gomme-laque, sur la partie supérieure de cette plaque, une feuille de mica de 2 à 3 dixièmes de millimètres d'épaisseur.

La plaque supérieure en laiton sera montée sur la planchette par l'intermédiaire de deux ressorts acier légèrement cambrés ; cette cambrure sera préparée de façon que les deux plaques forment charnière à une extrémité et que normalement la plaque supérieure se trouve écartée de la plaque inférieure.

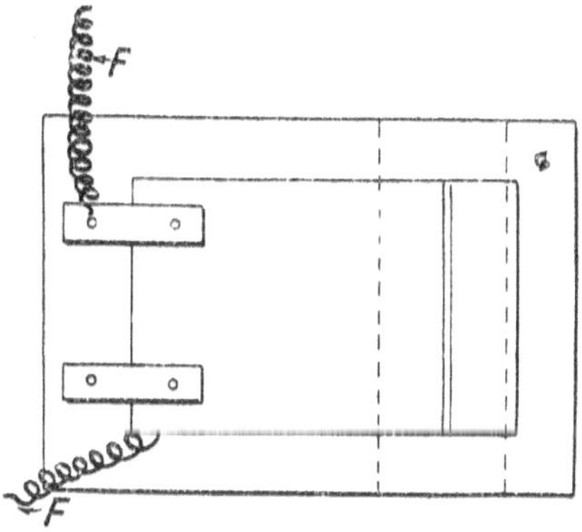


Plan d'un condensateur à volet, avec les fils F.

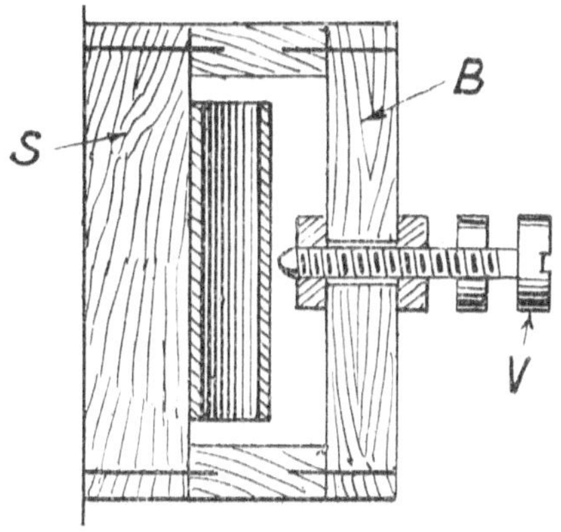


Coupe du condensateur à volet monté sur socle S avec couvercle B.
*La vis V sert à la manœuvre.*

Les ressorts acier seront rivés sur la plaquette laiton et seront fixés sur la planchette en bois par des clous ou des vis. Pour permettre l'ouverture des deux plaques, on utilisera une vis qui pourra être une vis très simple, genre vis à bois, de préférence en laiton, montée sur une petite barrette en bois supportée par deux piliers. On pourra tourner la vis de manière à la faire descendre pour ramener à la position extrême les deux plaques laiton au contact.

Naturellement on peut obtenir quelque chose de plus parfait en prenant une vis à métaux qui sera guidée dans deux écrous, ces écrous étant fixés d'une manière quelconque de part et d'autre de la planchette en bois. C'est d'après les disponibilités et l'outillage de chacun que l'on pourra suivre tel ou tel dispositif.

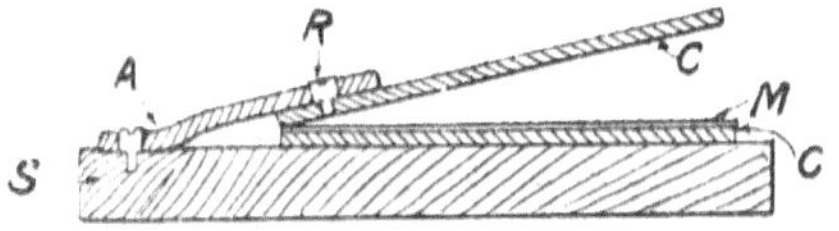


Condensateur variable à volet.
*C, plaques laiton : R, rivet ; À, ressort acier ; M, mica ; S, socle.*

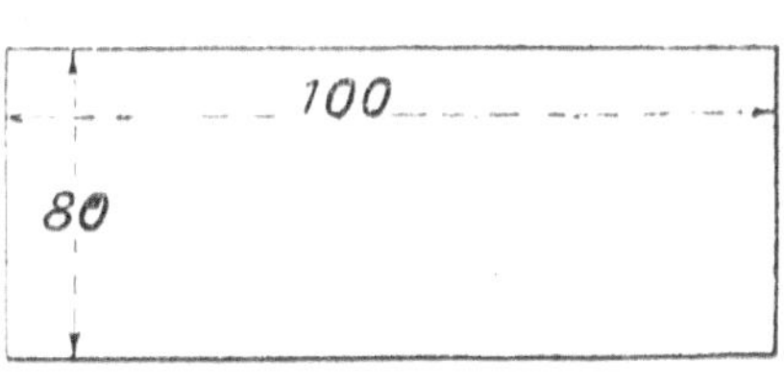


Plaque laiton découpée.

## Montage composé

Lorsque le condensateur est complètement fermé, la capacité est approximativement de 1/1000 de MF et on aura la possibilité de constituer un condensateur variable dans de grandes limites, au moyen de l'artifice suivant. Entre la plaque inférieure et la planchette bois, on constitue tout un échafaudage de plaquettes de même dimension, séparées également par une feuille de mica.

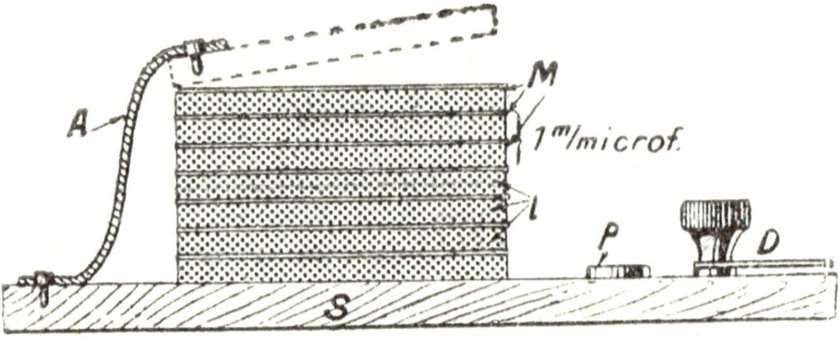


Montage composé.
*À, ressort acier ; M, mica ; S, socle ; P, plot ; D, disque frotteur.*

Supposons par exemple, que l'on ait ainsi disposé sous la plaquette inférieure de notre condensateur variable 6 plaques de laiton ; un ensemble de deux de ces plaques constitue à lui seul un condensateur de 1/1000 de MF, et si l'on considère l'ensemble de l'appareil, on obtient de cette manière, un condensateur ayant une capacité de 4/1000 de MF, à la condition bien entendu que toutes les plaques paires aboutissent à un plot de contact et toutes les plaques impaires à un autre plot.

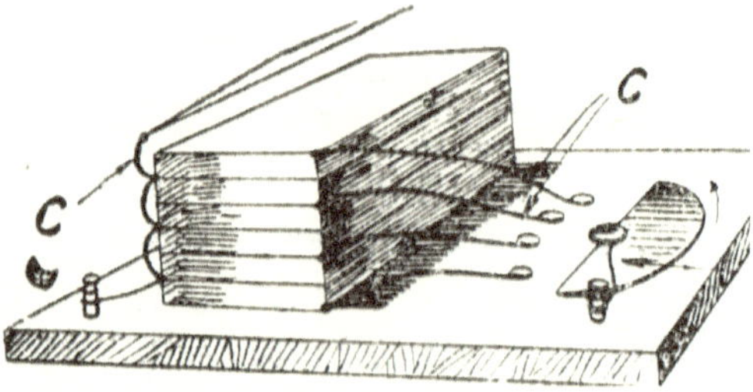


Vue perspective du montage composé montrant les connexions G et le disque tournant D.

Il est possible alors en disposant plusieurs plots de contact et en réalisant les connexions comme l'indique la figure d'obtenir, au moyen d'un secteur, des variations des capacités allant depuis zéro jusqu'à 4/1000 de MF . Cette dernière valeur n'est pas limitée, on peut encore l'augmenter en ajoutant une paire de plaques pour chaque 1/1000 de MF supplémentaire. On pourra numéroter les plots 1, 2, 3, 4, 5 etc. de façon que, lorsque la manette se trouve sur le plot n° 2, par exemple, la capacité du condensateur obtenue est de 2/1000 de MF.

Une fois réglé par le déplacement du volet mobile du condensateur supérieur, ce dispositif pourra être employé dans tous les cas, puisqu'on est maître avec une grande facilité de la capacité.

## Condensateur variable rotatif

Pour fabriquer un condensateur, nous donnerons aux lames fixes et mobiles les dimensions ci-contre. Achetez chez un quincaillier une plaque d'aluminium de 0 mm 3 d'épaisseur et de 0 m 35 sur 0 m 40. Avec un compas, une règle et la pointe d'un couteau, tracez-y huit plaques fixes et sept plaques mobiles.

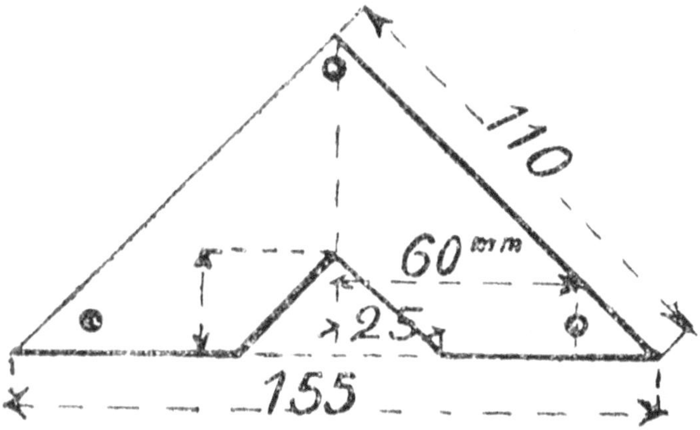


Plaque fixe du condensateur variable a air.

Afin de perdre moins de métal, associez deux plaques fixes par leur grand côté de manière à faire un carré. Découpez ensuite ces plaques à l'aide d'une cisaille. De forts ciseaux pourraient à la rigueur remplir le même emploi. Marquez le centre des trous qu'il faut faire dans les plaques et faites-les percer par un serrurier. Donnez-leur la grandeur du trou d'une pièce de deux sous en nickel, soit 5 mm de diamètre.

Vous pourriez à la rigueur faire ces trous vous-même à l'aide d'un clou et d'une lime fine, en tout cas qu'ils soient rigoureusement au même endroit dans chaque plaque. Vous obtiendrez ce résultat en perçant ensemble toutes les plaques après les avoir empilées.

Le percement des trous aura fait forcément des bavures, et de plus les bords des plaques seront plus ou moins rugueux. Limez toutes ces plaques de manière que les bords des trous soient tout à fait lisses et que les plaques aient bien les mêmes dimensions.

Si maintenant, vous disposez d'un étau et d'un chalumeau, serrez vos plaques dans l'étau entre deux plaques de fer et chauffez-en les bords avec le chalumeau. Sous l'action de la chaleur les plaques tendront à se dilater, et se gênant entre elles s'aplaniront rigoureusement. Sinon prenez une table bien plate ou mieux une petite enclume bien propre et avec un maillet aplatissez toutes vos plaques.

Ce travail facile mais assez long ne devra cesser que lorsqu'on mettant deux plaques l'une contre l'autre vous vérifierez qu'elles s'appliquent exactement l'une sur l'autre.

Achetez maintenant trois vis en laiton de 4 à 5 cm de hauteur pouvant entrer dans le trou d'une pièce de deux sous (0 m 005), treize écrous en laiton allant sur les vis, une tige filetée de même diamètre que les vis et de 6 à 7 centimètres de hauteur, une vis quelconque à tête plate de diamètre supérieur à 5 mm, de 1 à 2 centimètres de longueur avec son écrou, et une dizaine de rondelles de clinquant de 1 à 2 centimètres de diamètre que vous pourrez très facilement percer d'un trou un peu plus grand qu'il ne serait nécessaire pour laisser passer la tige de la dernière vis.

Faites un petit trou dans la tête de la vis de 0 m 001 de profondeur bien dans l'axe et tel que l'extrémité de la tige filetée puisse s'y appuyer. Enfin prenez, trente-cinq pièces de deux sous trouées et deux plaques carrées d'ébonite de 0 m 12 à 0 m 13 cent de côté ou à leur défaut deux plaques de bois que vous recouvrirez de paraffine, y compris surtout les trous que vous aurez à y percer. Rappelons que l'ébonite se scie très facilement pourvu qu'on n'appuie pas la scie de côté, ce qui pourrait briser la plaque, et que la paraffine s'applique à chaud.

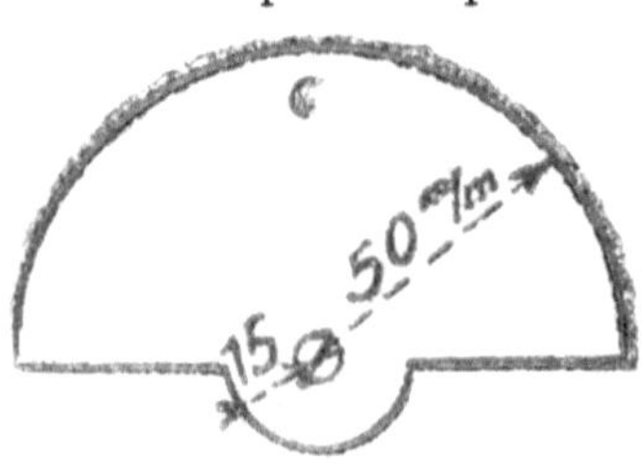

Plaque mobile
du condensateur variable à air.

Percez alors dans chacune de ces deux plaques quatre trous rigoureusement au-dessous l'un de l'autre. Ces trous devront avoir exactement le diamètre des boulons et de la tige filetée. Trois d'entre eux voisins des coins correspondront aux trous des plaques fixes ; le dernier, au centre laissera passer l'axe des plaques mobiles. Le condensateur une fois monté aura la forme ci-dessous.

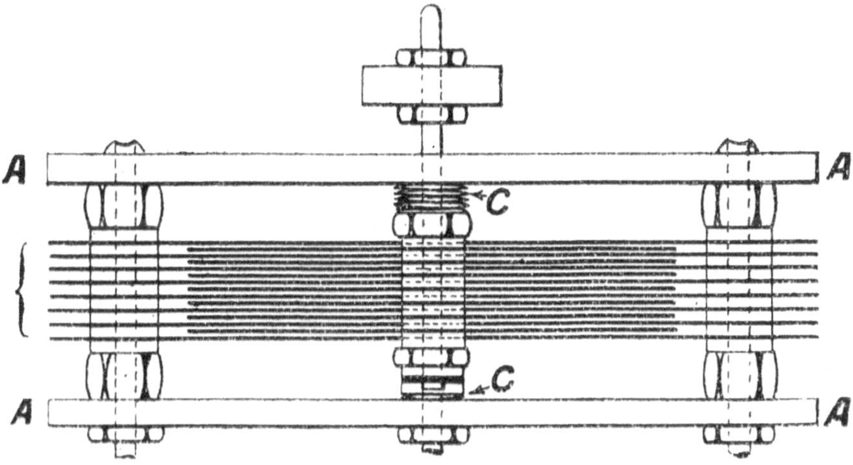


**Condensateur variable à air monté.**
*À, plaques de bois ou d'ébonite ; I, plaques fixes séparées par des pièces de deux sous ; C, rondelles de clinquant.*

La méthode de montage est très simple, prenez la plaque supérieure : mettez les vis dans les trois trous des coins, serrez le premier écrou, puis mettez alternativement une pièce de deux sous et une plaque fixe, en terminant par une pièce de deux sous et le second écrou. Vérifiez à l'œil le parallélisme des lames en rectifiant s'il y a lieu par simple pression avec la lame d'un couteau.

Montez à part les lames mobiles sur la tige filetée ; un premier écrou à 2 ou 3 mm du bas de la tige, une pièce de deux sous, une plaque, etc. ; terminez par une pièce de deux sous et un écrou. Prenez alors quatre ou cinq rondelles de clinquant, pliez-les légèrement, posez-les alternativement dans un sens et dans l'autre sur l'écrou du haut et introduisez la tige filetée dans le trou de la plaque d'ébonite. Les lames de clinquant joueront le rôle de ressort et permettront de faire varier dans de petites proportions la position d'ensemble des lames mobiles par rapport aux lames fixes. Introduisez alors la vis à tête plate dans le trou central de la plaque inférieure, tête en haut, avec entre la plaque et la tête de la vis le reste de vos lames de clinquant préalablement pliées. Mettez l'écrou de cette vis en serrant moyennement. Appuyez alors l'extrémité de la tige filetée dans le trou de la tête de la vis.

En même temps les extrémités des trois vis seront rentrées dans les trous correspondants de la plaque d'ébonite inférieure, flottez leurs écrous, serrez. Serrez enfin les écrous de la tige filetée, de manière qu'une plaque mobile quelconque soit exactement au milieu des deux plaques fixes qui l'entourent.

L'œil apprécie ce réglage très facilement. Les rondelles de laiton vous aideront beaucoup pour cela.

Mettez encore une poignée dans le haut de votre tige filetée, ce sera un morceau de bois quelconque percé d'un trou, dans lequel passera la tige filetée, et serré entre deux écrous.

En tournant cette poignée, vous ferez varier la surface des lames mobiles comprises entre les lames fixes. En même temps la capacité du condensateur variera de zéro jusqu'à son maximum qui est environ ½ millième de microfarad.

## - VII -

# Amplificateurs

La réception sur poste à galène exige qu'on installe une très bonne antenne, surtout si l'on se trouve à une distance un peu importante d'un poste émetteur. Ceci n'est pas toujours possible et l'amateur est quelquefois tenu de disposer son collecteur d'ondes à l'intérieur d'une habitation. On sait que dans ce cas l'antenne devient un cadre constitué par des spires de fil enroulées sur un support en bois, mais naturellement la réception obtenue sur cadre est beaucoup moins puissante que sur une bonne antenne. Par conséquent, on ne peut songer à recevoir la téléphonie sans fil sur cadre que dans le voisinage immédiat d'un poste émetteur, si l'on n'utilise qu'un poste récepteur à galène comme ceux que nous avons décrits.

De plus, même si l'antenne est bien installée et correspond à la distance du poste émetteur au poste récepteur, malgré tout, l'action sur la membrane de l'écouteur téléphonique est relativement faible et il est nécessaire d'approcher l'écouteur de l'oreille pour percevoir quelque chose.

Ceci limite forcément le nombre de personnes qui peuvent bénéficier du poste de T. S. F. ; en particulier, si l'assistance est nombreuse, s'il s'agit d'une classe d'élèves, il est à désirer que l'on puisse monter sur le poste récepteur un écouteur puissant muni d'un pavillon renforçateur, ce qu'on appelle un appareil haut-parleur.

Mais pour obtenir nettement une émission avec le haut-parleur, le poste à galène est insuffisant, il faut renforcer les ondes reçues par ce poste, et dans ce cas, comme lorsqu'il s'agit d'une réception sur cadre, on ajoute à la suite du poste récepteur, ou avant, des organes dits amplificateurs.

Nous nous contenterons simplement de décrire le moyen de construire des amplificateurs à lampes qu'on peut monter à la suite d'un poste à galène, sans nous attarder à expliquer pourquoi il y a amplification, ce qui sort du cadre de cet ouvrage.

## Lampe amplificatrice pour poste à galène

L'organe principal d'un amplificateur est la lampe à 3 électrodes qui comprend :

**1°.** un filament parcouru par du courant provenant d'une batterie d'accumulateurs à 4 ou 6 volts ;

**2°.** une grille ;

**3°.** une plaque qui est soumise à une tension d'une petite batterie de 40 ou de 80 volts suivant le cas et constituée généralement par des piles sèches.

La lampe sera obligatoirement achetée dans le commerce en donnant la préférence aux lampes françaises qui sont meilleures que les lampes étrangères.

Cette lampe a un culot qui porte quatre fiches et pour la monter sur un support, il est nécessaire d'avoir 4 douilles dans lesquelles les fiches pourront se placer.

Aspect d'une lampe française à trois électrodes avec la disposition des fiches.

Il existe des supports tout montés pour lampes, mais il est facile de construire soi-même ces supports. Le moyen le plus simple, consiste à prendre un tube en laiton d'un diamètre intérieur correspondant au diamètre des broches de la lampe ; l'extrémité sera fendue de façon à obtenir une pression suffisante sur la broche afin d'avoir un bon contact. Le fond du petit tube sera garni d'une tige munie d'une encoche ou d'une vis afin de recevoir les fils de connexion. Cette petite monture pourra être encastrée dans une plaque de bois paraffiné ou de préférence dans une plaque en ébonite, et elle pourra être immobilisée au moyen de goupilles ; c'est là le système le plus simple de douille pour les lampes à trois électrodes.

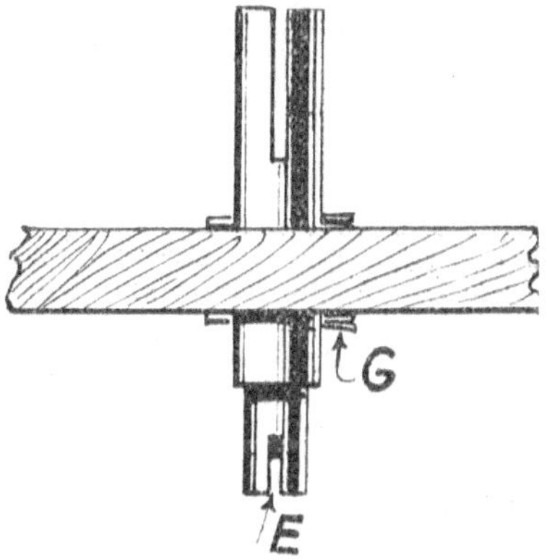


Douille montée sur socle avec goupilles G.
*E est l'encoche pour le fil.*

On peut naturellement perfectionner ce dispositif et arranger le tube de manière qu'il soit complètement encastré dans la plaque de façon qu'il puisse être immobilisé par des vis ou par des écrous.

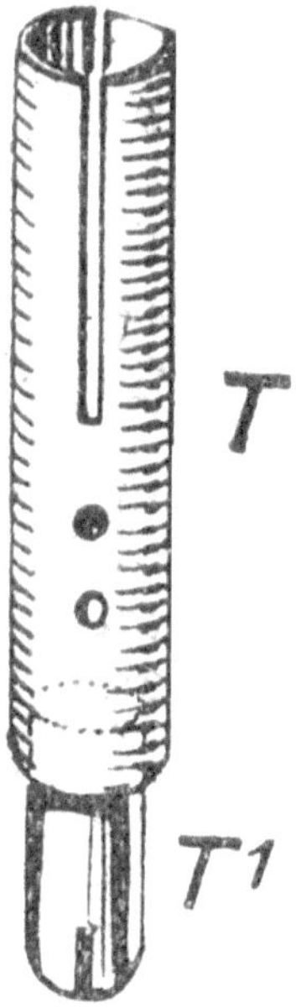


Tube T avec une tige pleine en T¹ constituant la douille.

On peut aussi, si l'on ne dispose pas de tube, se contenter de prendre du fil de bronze rigide de 1 mm de diamètre environ. On en forme un boudin en l'enroulant à spires jointives autour d'une tige ayant un diamètre légèrement inférieur à celui des broches de la lampe. Ces dernières rentreront alors à force dans le boudin qui, formant ressort, assurera un bon contact. L'extrémité du boudin peut être fixée par des cavaliers ou des pointes sur une plaque de bois paraffiné, ou mieux sur une planche en ébonite et elle aboutira à une vis borne analogue à celle que l'on monte dans les sonneries trembleuses ordinaires.

On construira pour une seule lampe 4 douilles placées en un groupe à des distances correspondant à celles qui séparent les broches de la lampe les unes des autres. Si l'on a plusieurs lampes, ces groupes seront juxtaposés à distance convenable sur une même plaque d'ébonite qui se fixera généralement à la partie supérieure du coffre qui contient les divers organes d'amplification.

## Transformateurs

Il est nécessaire d'interposer entre la lampe amplificatrice et le courant à amplifier une série d'organes qui, par leur action électrique mutuelle, produisent l'amplification. Un des moyens les plus pratiques, pour un amateur, est l'emploi d'un transformateur ; la construction d'un transformateur peut paraître compliquée, mais elle est beaucoup moins délicate que celle de résistances qui, au premier abord, séduisent par leur simplicité, puisqu'elles sont constituées uniquement par des traits de graphite tracés sur une plaque en ébonite. Cependant, la construction parfaite de résistances d'organes du même ordre, exige souvent des mesures électriques et des calculs, ce que ne demande pas la construction d'un transformateur qui est pour ainsi dire une chose purement mécanique, c'est pourquoi nous indiquerons d'abord la manière d'établir un transformateur à basse fréquence pour l'amplificateur que nous voulons fabriquer, en vue d'utiliser le poste à galène à de grandes distances avec haut-parleur.

Le transformateur comportera un noyau et deux enroulements, un enroulement primaire et un enroulement secondaire. Le noyau sera constitué par des lamelles de tôle mince ayant 10 mm de large et quelques dixièmes de millimètres d'épaisseur. Les tôles les plus minces seront les meilleures et si l'on veut avoir quelque chose de parfait, il faudra se procurer de la tôle au silicium. On découpe cette tôle en bandes à moins que l'on ne puisse obtenir du feuillard ayant la largeur convenable. Les bandes ainsi coupées auront une longueur de 80 à 100 mm.

Si l'on emploie du fer ordinaire il sera intéressant une fois qu'on aura placé les tôles les unes au-dessus des autres, de les assembler momentanément par des fils de fer et de les recuire en les chauffant sur le gaz ou sur un feu de charbon de bois, puis en les laissant refroidir lentement.

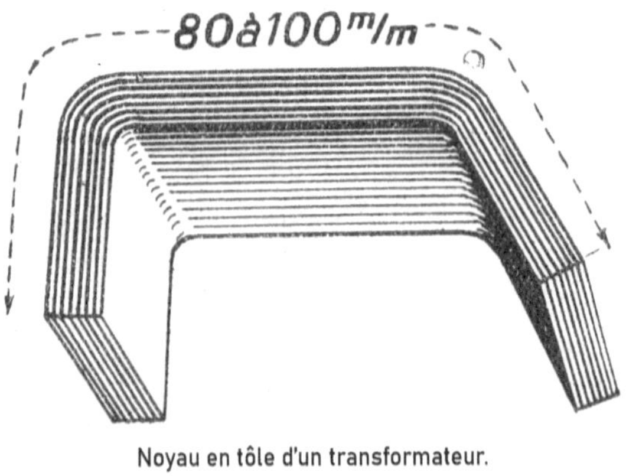

Noyau en tôle d'un transformateur.

Après cette opération de recuit, on sépare les lamelles les unes des autres et on les nettoie avec une brosse en fils de fer de manière à enlever la calamine et les scories qui ont pu se former. Sur l'une des faces des lamelles, on passe une couche légère de vernis à la gomme-laque et les lamelles sont empilées les unes sur les autres de façon qu'une couche de vernis sépare chaque lamelle de sa voisine.

On constitue alors un ensemble ayant une section carrée de 10 mm de côté, la longueur étant de 80 à 100 mm ; c'est le noyau sur lequel on pourra bobiner un enroulement.

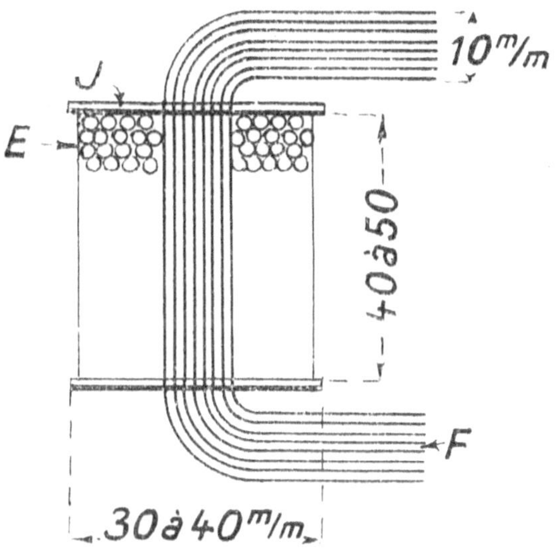

Coupe d'un enroulement de transformateur avec la joue J, l'enroulement E et le noyau feuilleté F.

Si on n'a pas de tôle, on peut se contenter de prendre du fil de fer que l'on coupera à longueur et dont on prendra une quantité suffisante pour former un noyau ayant un diamètre de 10 à 12 mm. Ce fil de fer sera traité comme précédemment les tôles, par l'opération du recuit, et les fils seront imprégnés d'une couche légère de vernis à la gomme-laque.

Chaque transformateur comprendra deux noyaux identiques ; sur l'un on enroulera le circuit primaire, sur l'autre le circuit secondaire.

On garnit le noyau à l'emplacement de la bobine de deux couches de ruban de coton que l'on aura trempé dans la paraffine et on collera ces couches de ruban au moyen de vernis à la gomme-laque qui sera passée également sur la surface extérieure de l'enroulement coton. Les joues des bobines auront de 30 à 40 mm de diamètre : elles seront découpées dans du carton très épais, de préférence du carton dit « presspahn » ou bien encore dans du bois. Il faut avoir soin de paraffiner le bois ou le carton. Si l'on dispose d'ébonite, de préférence il faudra employer cette matière.

On enroule alors le fil de la même façon qu'on enroule du fil sur une canette de machine à coudre, et on peut même disposer la bobine par un montage approprié à remplacement de la roulette de la machine à coudre qui sert à monter les navettes.

On peut aussi se contenter de fixer la bobine, à l'extrémité d'une perceuse à main pour obtenir une machine à bobiner économique.

L'enroulement secondaire sera préparé de la même façon, le nombre de tours de fil étant variable pour l'un et l'autre enroulement.

Les transformateurs les plus employés ont des rapports de transformation de ⅓ et de ⅕, ceci veut dire que le courant secondaire a une tension 3 fois ou 5 fois plus grande que celle du courant primaire, et dans les transformateurs, le rapport des tensions est en proportion du rapport du nombre de tours des deux enroulements.

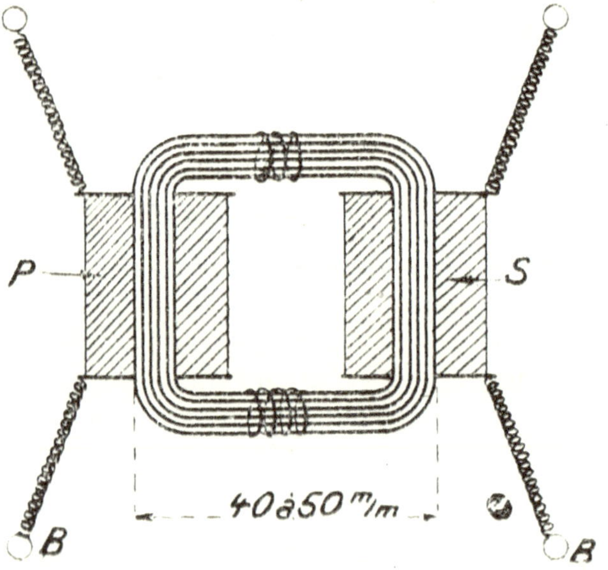


**Plan d'un transformateur qui est bobiné avec du fil émaillé de 8 à 10/100 de millimètre.**

*Les nombres de tours sont les suivants :*

| | | |
|---|---|---|
| *Rapport 1/1* | — | *3000 tours sur chaque bobine.* |
| *Rapport ⅓* | — | *3000 tours au primaire.* |
| | | *9000 tours au secondaire.* |
| *Rapport ⅕* | — | *3000 tours au primaire.* |
| | | *15000 tours au secondaire.* |

Le fil employé sera du fil sous-soie ou sous-coton de 8 à 10 centièmes de millimètres de diamètre ; on a avantage à utiliser du fil émaillé que l'on trouve aujourd'hui facilement. Pour le transformateur de rapport ⅓, l'enroulement primaire comportera 3.000 tours, l'enroulement secondaire 9.000 ; pour le transformateur de rapport ⅕, l'enroulement primaire aura encore 3.000 tours et l'enroulement secondaire 15.000 tours.

Il faut donc que les bobines puissent réaliser l'encombrement nécessaire au logement de tous ces tours de fil. Liant donné notre disposition d'enroulements séparés, la fabrication du transformateur sera simplifiée, car suivant le nombre de tours à réaliser, il sera facile d'augmenter ou de diminuer la largeur des joues des bobines.

Si lorsqu'on est arrivé à remplir complètement l'intervalle, on ne dispose pas de la place suffisante, il suffira de monter une joue plus grande sur la joue déjà installée et de continuer le bobinage.

Nous avons donc l'enroulement primaire et l'enroulement secondaire du transformateur montés chacun sur un noyau. Pour assembler ces deux enroulements sur le même circuit magnétique, on coude le noyau en le rabattant sur les joues de la bobine comme le montre la figure et les noyaux primaire et secondaire sont rapprochés l'un de l'autre en alternant les lamelles de tôle et en faisant pénétrer le plus possible les noyaux l'un dans l'autre.

Une fois cet assemblage provisoire réalisé, on l'assure en enroulant à la place du joint, du cordonnet à spires jointives qui donne de la solidité à l'ensemble. On passe à la gomme-laque les bobinages, les joints, et pour protéger les spires de fil on termine les bobines en enroulant de la tresse coton paraffinée et gomme-laque. Une fois en place, les fils d'entrée et de sortie des bobinages seront enroulés en forme de boudins et on aura avantage même à constituer ces boudins par du fil souple sous-soie ; les boudins aboutiront aux bornes du poste amplificateur quand on procédera au montage.

Naturellement la disposition des enroulements peut être prévue d'une façon différente ; c'est ainsi qu'on peut se contenter de n'utiliser qu'une seule bobine, les enroulements étant exécutés l'un au-dessus de l'autre.

Dans ce cas, le circuit magnétique est généralement formé de façon à entourer de part et d'autre la bobine, le noyau étant divisé alors en deux parties qui se séparent à la sortie de chaque côté de la bobine.

On peut aussi ne pas fermer le circuit magnétique du noyau et se contenter de rabattre le noyau en le faisant affleurer à l'extérieur des joues. On préconise quelquefois cette disposition qui donne, paraît-il, des réceptions meilleures en téléphonie.

Le montage avec deux bobines séparées comme nous l'avons indiqué est un moyen intermédiaire qui constitue, un circuit magnétique fermé, aussi parfait que dans les modèles couramment utilisés avec une seule bobine à deux enroulements superposés.

## Rhéostat de chauffage

Nous avons dit que le filament de la lampe était parcouru par un courant fourni par une batterie d'accumulateurs or, il est nécessaire de pouvoir régler ce courant par un rhéostat ou résistance de réglage et il est facile de construire un rhéostat variable d'une manière très simple.

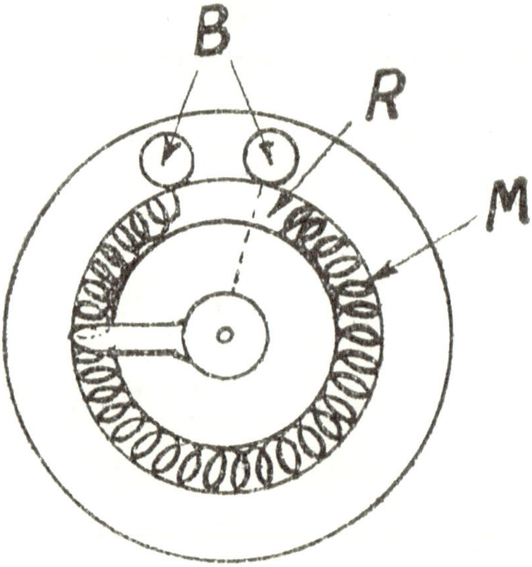


Plan d'un rhéostat à boudin de maillechort M dans une rigole R ; les bornes sont en B.

Pour cela, dans une plaquette en bois paraffiné ou, mieux, en ébonite, on creuse une rigole circulaire qui servira de logement à un boudin de fil de maillechort nu de 8/10 de mm. Au centre, de cette rigole on percera un trou qui servira de logement à un axe portant à la partie supérieure une poignée isolante en bois paraffiné, munie d'un ergot qui doit entraîner une lame trotteuse en laiton dur de 5 à 6/10 de mm d'épaisseur.

Cette lame sera constituée de manière à pouvoir frotter sur le boudin maillechort, pendant sa rotation ; l'entrée du courant se fera par une extrémité du boudin, la sortie par l'axe de la manette.

On place dans le circuit une plus ou moins grande quantité de fil maillechort et par suite une résistance plus ou moins élevée.

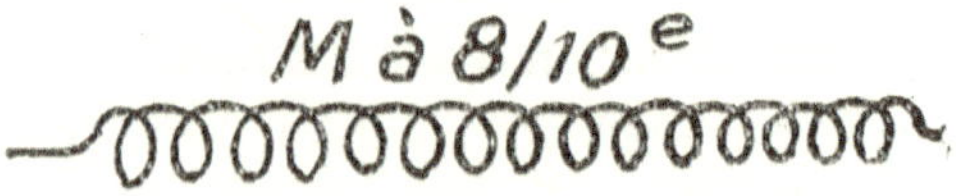


Boudin de fil maillechort préparé pour être placé dans la rigole.

Si l'on veut disposer un rhéostat sur une plaquette de manière que seule la poignée de manœuvre soit apparente et porte un index ou aiguille se déplaçant devant un secteur gradué, comme dans les postes vendus dans le commerce, il suffira de prolonger la tige de l'autre côté et de monter la manette tout en maintenant sur le boudin la lame en laiton formant frotteur.

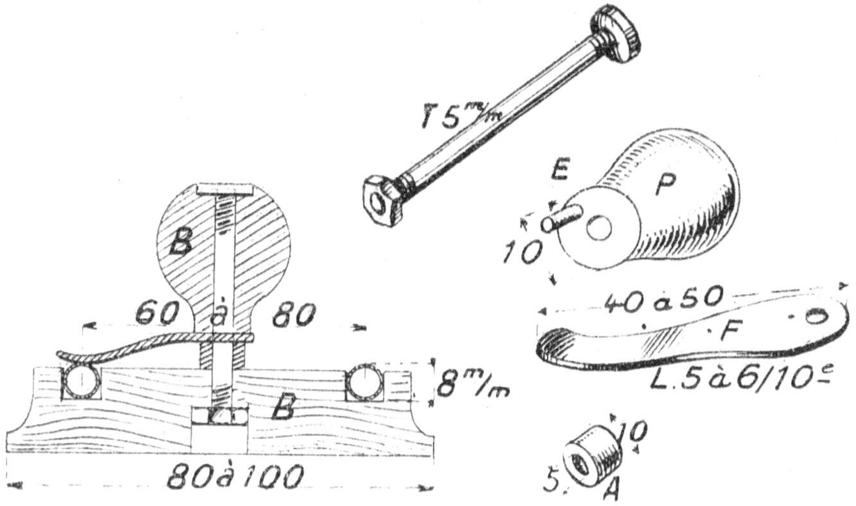


Montage du rhéostat avec des pièces en bois B.
*La poignée P porte un ergot E qui solidarise le frotteur F.*
*Un anneau A donne la hauteur suffisante au curseur.*

Toutes les dispositions particulières seront prises suivant l'aspect final du poste que l'on veut réaliser.

On peut combiner quelque chose de beaucoup plus simple encore en se contentant de prendre la manette isolante avec le frotteur qui viendra s'appliquer sur des plots réunis simplement par des fils maillechort ou ferro-nickel de 2 à 3/10 de mm ; mais cette disposition plus économique réalisée dans des postes bon marché est moins progressive dans la variation de la résistance que lorsqu'on emploie le boudin de maillechort, comme nous venons de l'indiquer.

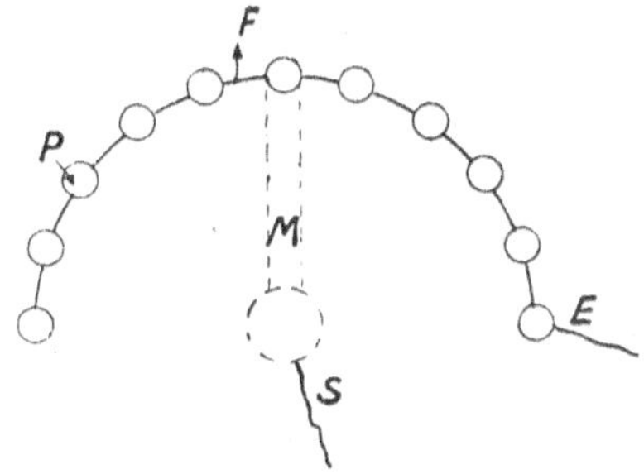


Rhéostat en fil résistant avec plots P sur lesquels est monté le fil F.
*La manette M frotte sur les plots.*
*Le courant entre en E et sort en S.*

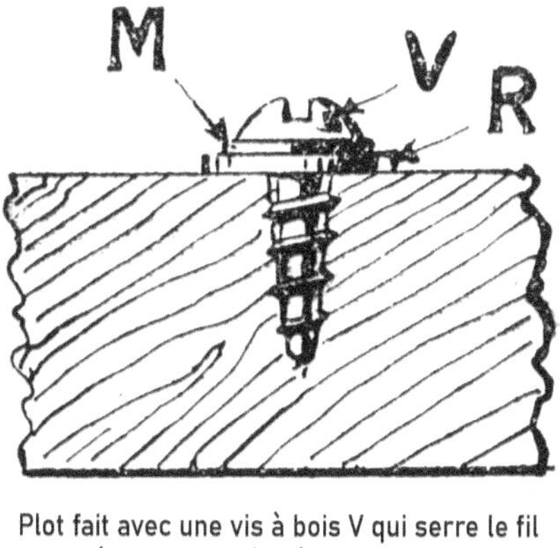


Plot fait avec une vis à bois V qui serre le fil résistant M grâce à la rondelle R.

## Montage du poste

Nous avons maintenant tous les éléments nécessaires pour monter le poste amplificateur à basse fréquence destiné à amplifier le courant provenant d'un poste à galène. Le montage des connexions sera réalisé comme sur le croquis ci-contre et on peut obtenir des amplifications plus ou moins grandes en disposant ce qu'on appelle un ou plusieurs étages d'amplification, c'est-à-dire, une ou plusieurs lampes avec leurs transformateurs et leurs organes appropriés.

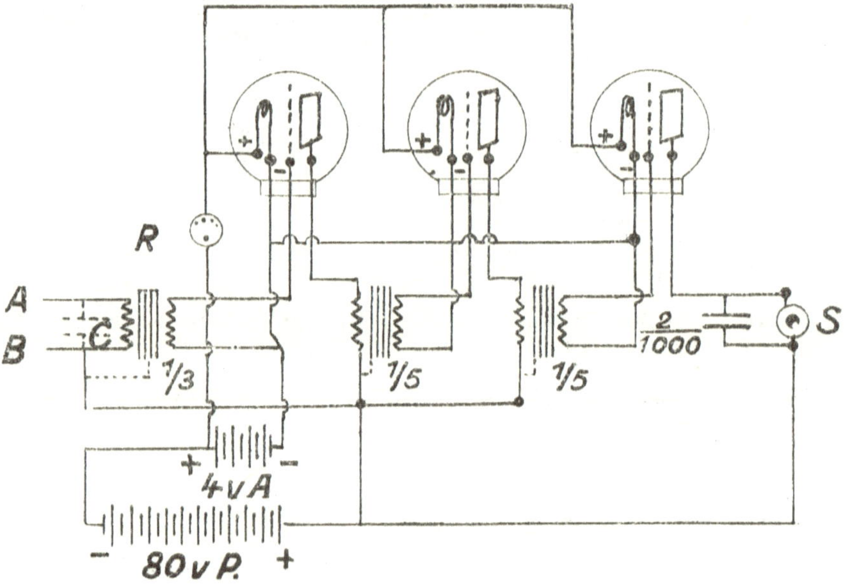


**Schéma d'un amplificateur à trois étages basse fréquence.**
*À et B, bornes reliées au poste à amplifier ; C, condensateur ; R, rhéostat ; 4 vA, accumulateurs ; 80 vP, batterie de plaques ; S, écouteur ; 1/3 et 1/5, transformateurs.*

La figure représente la disposition pour trois étages d'amplification ; c'est à peu près la limite extrême de ce que l'on peut obtenir en amplification à basse fréquence pour la téléphonie sous peine d'arriver à des brouillages ou à des parasites gênants.

Chaque lampe comportera donc son transformateur qui la reliera à la lampe précédente et aux bornes du poste à amplifier ; le premier transformateur sera du rapport ⅓, les deux autres du rapport ⅕ et, pour éviter les sifflements, on aura soin de relier électriquement les noyaux en fer des transformateurs au pôle positif de la batterie de piles à 80 volts. On peut naturellement se contenter d'une seule lampe amplificatrice, et l'on obtient alors le schéma, ci-dessous. Nous n'avons pas indiqué le schéma pour 2 lampes car le lecteur pourra l'imaginer lui-même.

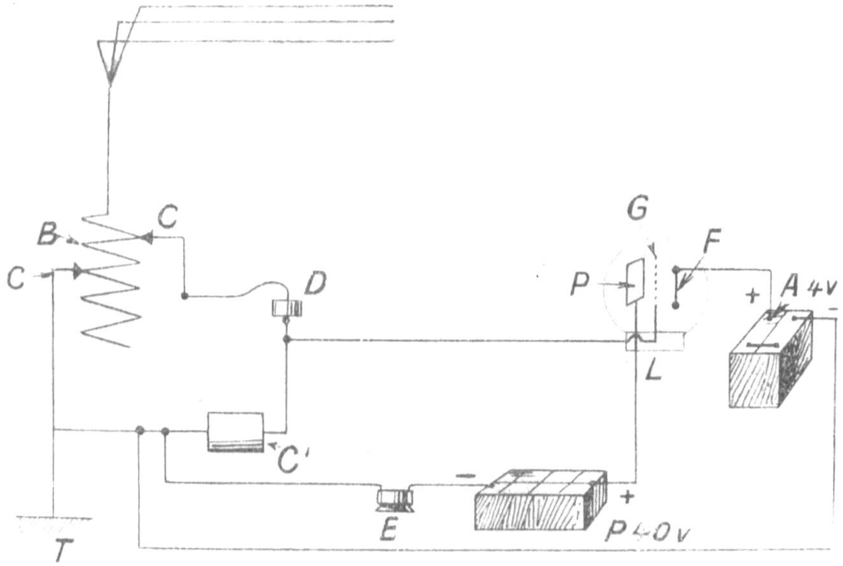


**Amplificateur à une lampe monté sur poste à galène.**
*B, bobine : C, curseurs ; D, détecteur à galène ; C, condensateur ; E, écouteur ; P4ov, batterie de plaque ; A4v, accumulateur de chauffage ; L, lampe avec sa plaque P, son filament F et sa grille G. (La partie inférieure du filament doit être reliée au pôle négatif de A).*

Sur la plaque de la dernière lampe amplificatrice, quel que soit le nombre d'étages, on monte l'écouteur qui se trouve placé en dérivation aux bornes d'un condensateur de 2/1000 de MF.

## Source de courant

Il y a deux sources de courant indispensables avec les postes à lampes :

**1°.** Tout d'abord une batterie pouvant donner un courant de 4 volts, ayant une intensité qu'il faut noter être de 6/10 d'ampère environ par lampe amplificatrice ;

**2°.** Une source de courant ayant un voltage de 40 à 80 volts, constituée généralement par des piles sèches, le courant nécessaire n'ayant l'intensité que de quelques millièmes d'ampère.

Ces sources de courant sont un grave inconvénient pour l'emploi des postes à lampes, et c'est pourquoi, lorsqu'on peut se contenter d'un simple poste à galène, on a une grosse économie et un grand souci de

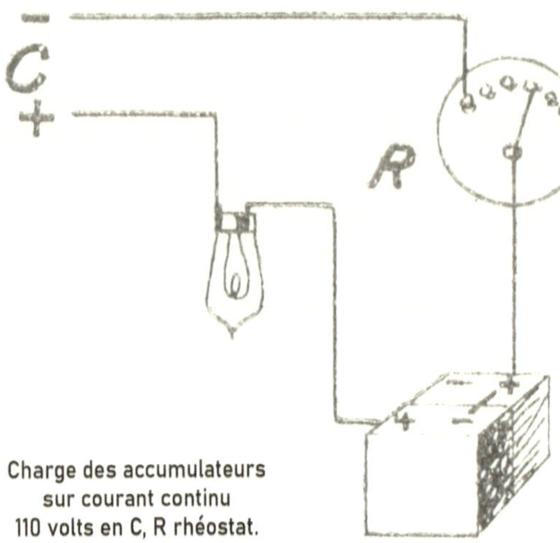


Charge des accumulateurs
sur courant continu
110 volts en C, R rhéostat.

moins ; mais, ainsi que nous l'avons déjà dit, pour recevoir en haut-parleur, il faut compter utiliser à des distances moyennes, au moins deux étages d'amplification. Voyons donc comment nous pourrons réaliser dans tous les cas, le plus simplement possible, les sources de courant.

## Batterie à 4 volts

Le moyen le plus simple consiste à prendre deux éléments d'accumulateurs dont la capacité sera en rapport avec le nombre d'auditions que l'on veut assurer. Si on a un poste à 3 lampes par exemple, le courant fourni sera de 3 x 0,6 ampères, soit 1 ampère 8, et si la batterie a une capacité 36 ampères-heure, on aura ainsi la possibilité d'assurer, sans recharge, 20 heures d'audition.

Lorsque la batterie est épuisée ou presque, il faut la recharger ; le moyen le plus pratique est de donner la batterie à un électricien en disposant d'une batterie de rechange pour ne pas laisser le poste inutilisé au cours de la période de recharge.

Le lecteur voudra sans doute assurer lui-même la recharge de sa batterie ; trois cas peuvent alors se présenter :

**1. –** On dispose d'une installation d'éclairage à courant continu. Dans ce cas, on peut recharger la batterie d'accumulateurs en montant en série avec la batterie, sur le courant 110 volts, une lampe dont l'intensité sera choisie de manière que cette lampe laisse passer un ampérage égal à celui qui est nécessaire pour la recharge.

Rappelons que le courant de charge doit être au maximum de $\frac{1}{10}$ de la capacité en ampères. Une batterie de 36 ampères-heures par exemple devra être chargée à un courant égal ou inférieur à 3 ampères 6.

Ce montage a l'inconvénient de dépenser beaucoup de courant, car une grande partie est dissipée dans le rhéostat.

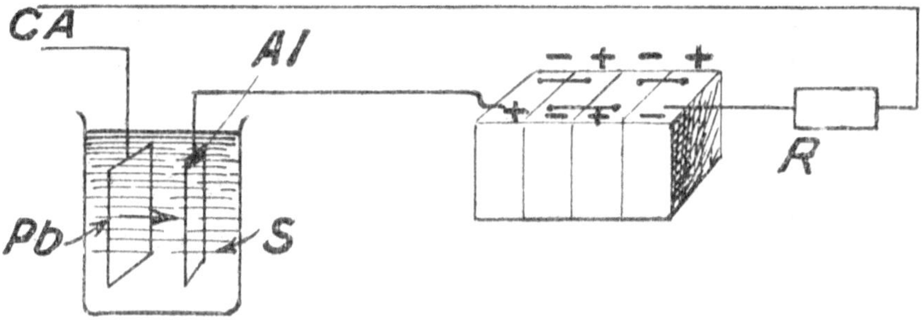


Principe de fonctionnement d'une soupape sur alternatif CA.
*Pb, lame de plomb ; Al, lame d'aluminium ; S, électrolyte ; R, rhéostat de lampes.*

**2. -** On dispose d'un circuit d'éclairage à courant alternatif. Dans ces conditions, il est nécessaire de transformer le courant alternatif en un courant ondulé de même sens et pour cela, on emploie des redresseurs de courant.

On trouve des redresseurs à lame vibrante ; l'amateur pourra se fabriquer lui-même une soupape electrolytique avec une lame de plomb et une lame d'aluminium plongeant dans une solution de phosphate de soude. Ce dispositif ne laisse passer du courant que dans le sens plomb-aluminium, et la batterie est donc traversée constamment par du courant de même sens.

Là encore, un rhéostat ou un groupe de lampes est nécessaire pour abaisser la tension, mais avec le courant alternatif il est possible d'éviter la perte occasionnée par le rhéostat en abaissant la tension dans un petit transformateur du genre de ceux que l'on utilise pour les sonneries domestiques. Le type de ces appareils est le Ferrix, le montage est indiqué sur le croquis ci-dessous.

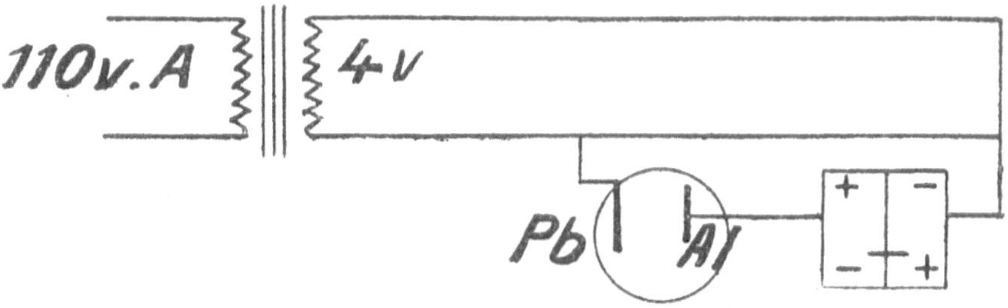


Montage d'une soupape avec transformateur qui abaisse le 110 volts alternatif à quatre volts.
*Pb, lame de plomb et Al, lame d'aluminium.*

**3. -** On ne dispose d'aucun courant d'éclairage. Dans ce cas, il faut aller à la ville voisine faire recharger sa batterie d'accumulateurs et ceci peut-être prohibitif.

Il faut alors employer des piles électriques pour recharger les accumulateurs : il est en effet délicat d'utiliser directement des piles sans passer par les accus, car le courant des piles n'a pas un voltage suffisamment constant ; néanmoins, quand il s'agit de réception de faible durée, nous conseillons au lecteur de se contenter de piles électriques en installant un ou deux éléments de plus et en réglant le débit de ces piles par un rhéostat de chauffage que nous savons construire.

La pile la plus simple est celle au sulfate de cuivre que l'on peut constituer avec une caisse en bois paraffiné à joints étanches. Cette caisse sera très large, car il faut des éléments à grande capacité. L'électrode inférieure est une plaque de cuivre reposant sur des tasseaux en bois paraffiné, occupant presque toute la surface du fond de la caisse qui sera carrée et aura 35 cm de côté environ. L'autre électrode est une lame de zinc qui sera placée dans un récipient constitué par des parois en bois avec un fond obtenu par du papier fort collé en 5 ou 6 épaisseurs.

La plaque de zinc sera séparée du fond également par des tasseaux en bois qui seront assemblés sur les côtés de la boîte intérieure. Le liquide dans le grand vase est forme d'une solution de sel de cuisine ordinaire à 4 % ; on ajoutera par litre environ 250 grammes de sulfate de cuivre sans chercher à dissoudre ce sulfate. Dans le vase intérieur le liquide sera une solution de sel de cuisine ordinaire à 5 %.

En groupant 5 ou 6 piles, on obtiendra un voltage suffisant pour charger deux éléments d'accumulateurs ; il sera bon d'avoir néanmoins un petit rhéostat de réglage.

La pile au bichromate est plus intéressante que celle au sulfate de cuivre, le modèle le plus connu est la pile bouteille.

Le vase de la pile contient un liquide comprenant 200 grammes de bichromate de potassium et 400 grammes d'acide sulfurique par litre d'eau. Dans ce liquide plongent une ou plusieurs plaques de charbon de cornue, qui constituent le pôle positif. Le pôle négatif est une lame de zinc qui plonge également dans ce même liquide.

L'inconvénient de cette pile est que, même lorsqu'elle ne débite pas de courant, elle s'use. Il est alors nécessaire de retirer l'électrode de zinc du liquide, pour éviter l'usure de la pile. C'est ce qui fait qu'on a donné sa forme au vase de la pile bouteille et que le col sert à placer la lame de zinc hors du liquide.

Un des modèles les plus intéressants de ce genre de piles est la pile Radiguet qui était autrefois très employée pour l'éclairage électrique domestique. Cette pile comporte un vase extérieur qui contient une dissolution concentrée d'acide et de bichromate de soude. Le cylindre de charbon entoure un vase poreux qui contient de l'eau acidulée avec ¹⁄₁₀ d'acide sulfurique.

Dans cette eau acidulée plonge le zinc qui reste continuellement immergé. Cette lame de zinc est placée dans un godet, où se trouve un peu de mercure, destiné à amalgamer continuellement le zinc. C'est grâce à cela que cette électrode peut rester immergée sans s'user lorsque la pile ne débite pas.

L'eau acidulée doit être changée tous les 15 jours, ou en général par 8 heures de service. Le même bichromate peut servir pour 4 charges de vase poreux. On entretient l'amalgamation des zincs, afin de pouvoir utiliser dans la pile des rognures de zinc, au moyen d'un support amalgamé. C'est une cuvette en porcelaine qui contient 100 grammes de mercure avec du zinc en dissolution.

Un tube de cuivre se termine par deux tiges qui plongent dans le mercure. Ce support est introduit dans le vase poreux, et c'est dans le vide cylindrique annulaire qu'on place le zinc en déchets à utiliser. Le mercure vient amalgamer tous ces déchets qui constituent l'électrode négative. Une pile à régénération par l'air est la pile Dubois qui est très pratique.

## Source de courant à 80 volts

Étant donné la faible intensité demandée à cette source de courant, on peut se contenter simplement de prendre des piles sèches comme celles que l'on utilise pour les lampes électriques de poche, c'est là la solution la plus économique.

On trouve d'ailleurs dans le commerce des petites batteries de piles à des prix avantageux, et l'amateur pourra aussi construire ces piles lui-même ; la meilleure disposition est celle des piles Leclanché.

On peut également employer des petits accumulateurs que l'on pourra construire soi-même en utilisant des vases de verre minuscules analogues à des verres à liqueur sans pied, dans lesquels on plongera des plaques de plomb découpées en forme d'U.

Il est nécessaire au préalable, avant d'utiliser la batterie d'accumulateurs ainsi constituée, de la former, c'est-à-dire de la charger et de la décharger plusieurs fois. L'électrolyte est une solution d'acide sulfurique à 26 degrés Beaumé. Le plomb pour les électrodes pourra provenir d'un vieux tuyau à gaz fendu dans sa longueur. Au moyen de stries de poinçonnage, on agrandira la surface de la plaque plongeant dans l'électrolyte, et les plaques seront préparées au préalable en les laissant bouillir dans de l'acide azotique étendu d'eau.

Toutes ces préparations sont délicates et ne sont pas, en général, du fait d'un amateur : néanmoins, nous les signalons, car l'utilisation d'une petite batterie d'accumulateurs à 80 volts est pratique, il est facile de recharger cette batterie si l'on dispose d'un courant d'éclairage.

Signalons toutefois, qu'une simple batterie de piles sèches de lampe de poche peut durer deux à trois mois ; on peut d'ailleurs construire aussi ces piles sèches, mais ces indications sortiraient du cadre de cet ouvrage ; on les trouve d'ailleurs données très détaillées, ainsi que celles concernant la fabrication et l'utilisation des soupapes, dans les ouvrages destinés à l'instruction de l'électricien pratique.

## Branchement du poste amplificateur

Le branchement d'un poste amplificateur sur un poste à galène est simple, il suffit de réunir les bornes d'entrée du poste amplificateur aux bornes du poste à galène où l'on montait préalablement l'écouteur téléphonique. Ce dernier sera, au contraire connecté aux bornes de sortie des étages d'amplification. (Nous verrons, par la suite, que l'adjonction de l'amplificateur est identique lorsque la détection se fait par lampe et dans ce cas on interpose un condensateur supplémentaire. )

Il est commode de pouvoir disposer à volonté d'un ou de plusieurs étages d'amplification et dans ce cas on peut installer un commutateur à plots qui permettra d'éliminer du circuit successivement chacune des lampes ; chaque plot communiquera avec un fil se rendant à la plaque d'une lampe.

Les lampes non utilisées ne seront pas laissées sur le poste, mais seront retirées quand elles ne serviront pas. Ce petit dispositif supplémentaire est facile à réaliser au moyen de vis à tête ronde fixées sur une plaquette d'ébonite d'une manette isolante et d'une lame formant frotteur.

# - VIII -

# Résistances

Il est généralement difficile de construire une résistance avec une précision suffisante. Cependant avec un peu de soin, un amateur peut fabriquer des modèles de résistance qui lui donneront satisfaction.

Une résistance doit être établie suivant l'intensité du courant qui doit la traverser et l'on sait que cette intensité en ampères multipliée par la résistance en ohms est égale au nombre de volts de la source de courant qui alimente la résistance :

$$I \times R = E$$

Ceci est la loi d'Ohm bien connue, et qu'il est nécessaire d'appliquer lorsqu'on commence à exécuter des installations électriques.

Dans les résistances employées en T. S. F., celles qui commandent le courant passant par le filament sont traversées par un ampérage beaucoup plus considérable (environ $^{6}/_{10}$ d'ampère par lampe) que les résistances de grille dont la valeur en ohms est très élevée, par suite, l'intensité du courant qui les traverse est excessivement petite.

Examinons divers types de résistance qu'un amateur pourra construire. On en distingue quatre sortes mais la plus simple et la plus sûre consiste en un filament très fin d'une substance mauvaise conductrice, comme par exemple un fil de cellulose carbonisé.

Ce filament est préparé par des procédés analogues à ceux que l'on utilise dans les fabriques de lampes à filaments de carbone, mais c'est une opération qui ne ressort pas du domaine de l'amateur.

Une autre sorte de résistance consiste en un fil normalement non conducteur, auquel on a donné une conductibilité déterminée en le saturant avec un liquide conducteur.

La troisième et la quatrième sorte de résistance consistent dans le mélange de poudres conductrices et non conductrices, ou dans une ligne d'un dépôt conducteur comme par exemple du graphite.

Nous ne nous attarderons à décrire la fabrication que pour des résistances facilement utilisables par l'amateur.

## Résistance en graphite

Cette forme de résistance est généralement employée pour la résistance de grille. Elle consiste en un trait de crayon dessiné sur un socle en ébonite et terminé à chaque extrémité par une borne de prise de courant.

Pour cela on prend une pièce d'ébonite de 4 cm sur 2, l'épaisseur étant de 3 à 4 mm. Avec un canif, on trace une sorte de sillon à fond plat aboutissant à chaque extrémité à deux trous, que l'on perce avec une perceuse à main.

Le sillon est élargi près des trous, et l'on empâte cette partie élargie avec du graphite, provenant d'un crayon ordinaire très mou. Les bornes qui passent dans les trous ont un contact parfait avec ces empâtements de graphite, grâce à deux ou trois petites feuilles d'étain découpées, percées d'un trou au travers duquel passera la tête de la borne. De cette manière, en serrant les vis, lorsque l'appareil sera terminé, les feuilles d'étain seront pressées sur le graphite et donneront un bon contact.

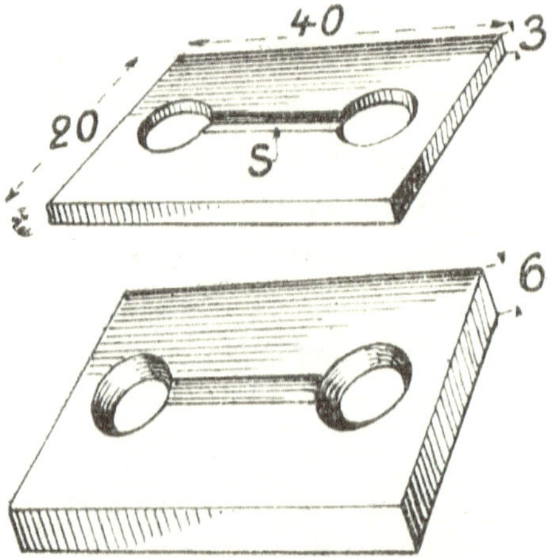

Socle et couvercle.

On coupe ensuite une autre pièce d'ébonite ayant la même largeur et la même longueur que la première, mais ayant une épaisseur de 10 mm. Dans cette pièce on perce deux trous correspondant à la distance des trous de la première plaque et on prépare également entre ces deux trous un sillon avec la lame d'un canif. On assemble ensuite les deux pièces avec les deux bornes, de manière à presser, au moyen d'écrou les deux plaques l'un contre l'autre. On découpe ensuite au canif les parties des feuilles d'étain formant contact qui dépassent de la borne.

L'appareil étant ajusté, on démonte de façon à pouvoir tracer avec le crayon une ligne dans l'un des sillons préparés. On donne à ce trait de crayon une largeur plus ou moins importante, suivant qu'on désire obtenir une résistance plus ou moins faible.

Trait de graphite dans le sillon avec des empâtements de graphite.

Il faut se rappeler, en effet, que la résistance d'un conducteur est inversement proportionnelle à la section du fil dans lequel passe le courant.

Nous verrons plus loin comment nous pouvons apprécier la valeur de la résistance tracée, et comment nous pouvons la régler de manière à obtenir une résistance bien déterminée.

Lorsque la résistance est fabriquée et que sa valeur est exacte, il faut éviter que l'humidité variable de l'atmosphère ne puisse influer sur cette résistance, et il est donc nécessaire de protéger le trait de crayon en assemblant d'une façon hermétique les pièces d'ébonite l'une sur l'autre. On y arrive en isolant les joints des deux pièces, joints que l'on aura pu exprès préparer avec le couteau pour former une rigole de paraffine fondue, que l'on applique de préférence avec une petite pièce métallique chauffée. On peut aussi remplir la rigole de paraffine au-dessus du trait.

On peut utiliser également de la cire à cacheter, surtout si l'on a préparé entre les deux pièces d'ébonite tout autour de la surface latérale, un sillon pouvant contenir une quantité importante de cire. Cette précaution sera suffisante pour éviter que l'humidité ne puisse agir sur le trait de graphite constituant la résistance.

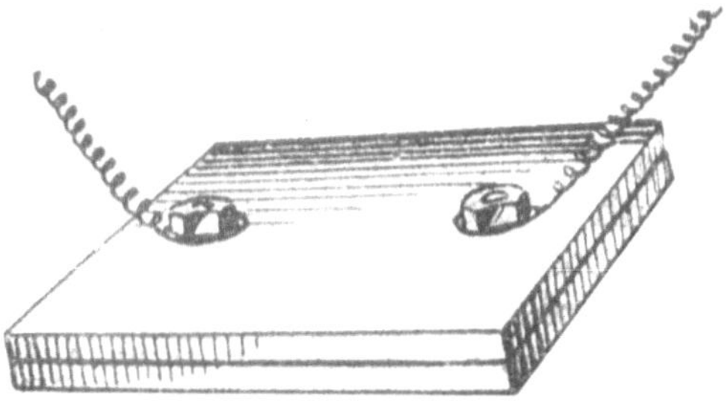
Résistance complètement montée.

## Résistance à l'encre de Chine

Au lieu d'un trait de graphite, on peut tracer sur une languette de papier bristol, un trait à l'encre de Chine, dont on variera la largeur suivant la résistance que l'on désire obtenir ; mais alors il est nécessaire de protéger cette résistance d'une façon très efficace contre l'humidité de l'atmosphère. Pour cela on prépare deux petites calottes métalliques, que l'on pourra fabriquer facilement soi-même avec du papier d'étain. On soude un fil de cuivre fin à l'extrémité de chaque calotte et on coupe un morceau de bristol, dont la largeur est égale au diamètre des calottes, de façon qu'il puisse entrer facilement dans chacune.

Résistance d'encre de chine
E sur carton C.
*A coté calotte d'extrémité.*

La distance entre les deux calottes indique la longueur de la bande de bristol que l'on doit employer.

Les extrémités de la bande de bristol sont trempées dans l'encre de Chine, et entre ces empâtements d'encre on trace au tire-ligne un trait d'encre de Chine ayant la largeur désirée.

La bande de carton est ensuite fixée dans les calottes au moyen d'une pâte constituée de graphite et de gomme arabique. On l'obtient en râpant un morceau de graphite comme celui que l'on utilise pour l'entretien des fourneaux. La poudre obtenue, placée dans un godet en porcelaine, on laisse tomber quelques gouttes d'une solution de gomme arabique, de manière à préparer un mastic fluide qui servira à assembler la bande de bristol avec chacune des calottes.

Tube verre
extérieur V.

La valeur de la résistance est obtenue d'après la largeur du trait tracé sur le bristol, et là encore, il faut procéder à des essais préparatoires dont nous parlerons plus loin.

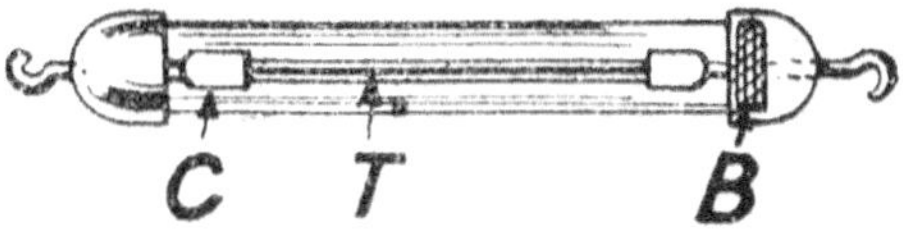

Résistance montée avec le trait d'encre de chine T, les calottes C et les bouchons B.

Pour protéger la résistance contre l'humidité de l'atmosphère, on l'enferme dans un petit tube de verre ayant un diamètre légèrement supérieur à celui des calottes. Ce tube de verre a 7 cm environ de long, si la bande de bristol a 5 cm ; de toute façon, on prévoit le tube de manière qu'il puisse contenir la résistance et ses deux calottes métalliques.

De chaque côté, le fil de cuivre soudé aux calottes dépasse naturellement du tube, et on lui fait traverser le bouchon de fermeture du tube protecteur. Les bouchons sont enfoncés en force ; ensuite avec une couche de paraffine on protège complètement le bouchon.

Si l'on emploie de la paraffine, on aura avantage à enfoncer le bouchon très fortement, de manière que le verre dépasse légèrement et forme une petite cuvette pour la réception de la paraffine. Les fils qui sortent de l'appareil serviront à le relier aux autres bornes dans le montage des postes de T. S. F.

## Résistance à Graphite

On peut construire une résistance en graphite qui sera facile à monter sur le panneau des postes, en utilisant un crayon d'ardoise.

Cette résistance sera plus ou moins sérieuse suivant que le crayon sera plus ou moins garni de traits de graphite.

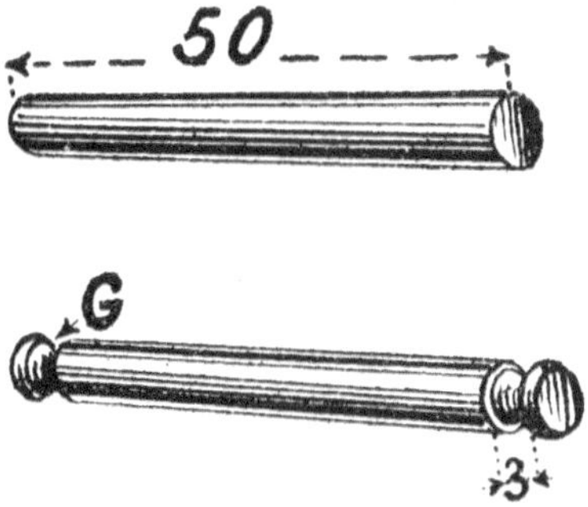

Crayon d'ardoise avec les gorges G.

Le crayon d'ardoise est fixé avec deux calottes de métal qui sont identiques à celles que l'on a utilisées pour la résistance précédente à l'encre de Chine. On monte un morceau de crayon d'ardoise d'une longueur de 15 mm, la surface est nettoyée avec du papier-émeri très fin. À chaque extrémité on prépare un sillon avec une petite lime, ces extrémités étant empâtées avec du graphite ; on a soin de ne pas mettre de graphite sur la partie médiane du crayon d'ardoise. Les sillons sont exécutés plus facilement si l'on dispose d'un petit tour ; on peut aussi disposer d'une perceuse mécanique à main, à condition de se faire aider par une autre personne.

Les extrémités sont garnies de graphite au moyen d'un crayon mou ; le meilleur moyen consiste à utiliser un tour ou une machine à percer pour faire tourner le crayon d'ardoise devant la pointe du crayon mou ; on répète cette opération autant de fois qu'il est nécessaire pour avoir une couche suffisamment épaisse de graphite sur les extrémités du crayon d'ardoise.

Dans chaque calotte de métal, on a fixé une vis munie d'un fil conducteur qui servira à réaliser ultérieurement les connexions dans le poste. La vis et le fil seront soudés au moment où l'on remplira de soudure les coupes contenant l'extrémité du crayon d'ardoise.

La résistance est obtenue en traçant à la surface du crayon d'ardoise des traits de graphite au moyen d'un crayon. Chaque trait de graphite est essuyé doucement avec un petit chiffon, de manière à enlever les parcelles de graphite qui ne seraient pas suffisamment adhérentes à l'ardoise. La valeur de la résistance varie suivant que le nombre de traits tracés sur le bâton d'ardoise est plus ou moins grand.

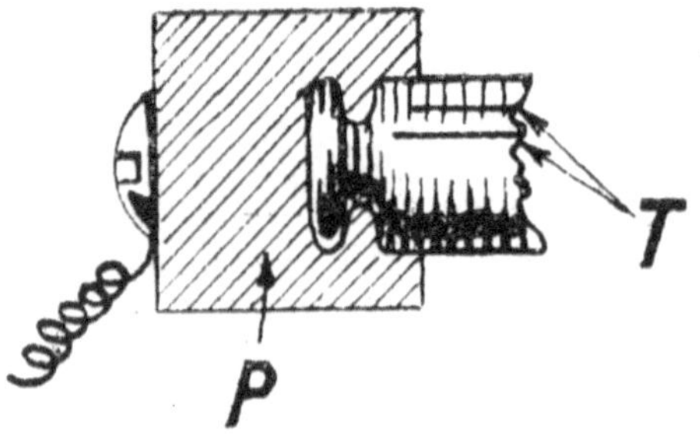

Ardoise avec traits de graphite T
monté pans un bloc de pâte P.

Cette résistance ainsi fabriquée est meilleure que la résistance en graphite sur la plaque d'ébonite. Elle a l'avantage de pouvoir être enfermée dans un tube de verre de la même façon que la résistance à l'encre de Chine et l'on obtient alors une résistance de forme cylindrique qu'il est plus facile de disposer sur le panneau d'un poste que lorsqu'il s'agit d'une résistance tracée sur une plaquette d'ébonite.

## Mélange à haute résistance

Les inconvénients des résistances en graphite ou à l'encre de Chine sont d'être impressionnées par les conditions atmosphériques et pour cela on a cherché à employer différents mélanges ayant plus ou moins de cohésion, pour obtenir les résistances élevées nécessaires dans les postes récepteurs.

Le principe consiste à mélanger une poudre conductrice et une poudre isolante. On emploie pour cela de la poussière de charbon sous diverses formes, mélangée avec une poudre non conductrice et non hygroscopique.

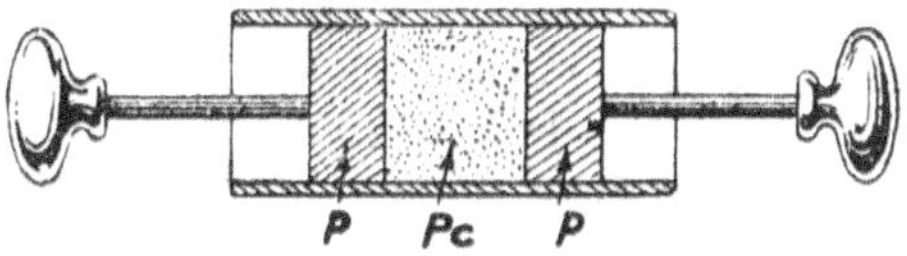

Résistance variable à poudre Pc comprimée par les pistons P.

Le charbon qu'il est préférable d'employer est sous la forme de graphite ou de charbon de bois et on prendra une poudre non conductrice, non hygroscopique, qui est en général de la poudre de talc. On place le mélange très homogène dans un tube d'ébonite, les extrémités étant terminées par des vis agissant sur des sortes de pistons au moyen desquels la poudre peut être plus ou moins comprimée dans le tube ; les vis servent de plus aux connexions des fils aboutissant à la résistance.

On peut agencer une résistance de ce genre dans une vieille bobine de fil. Pour cela, les extrémités de la bobine comportent deux plaques de laiton qui sont vissées sur la bobine.

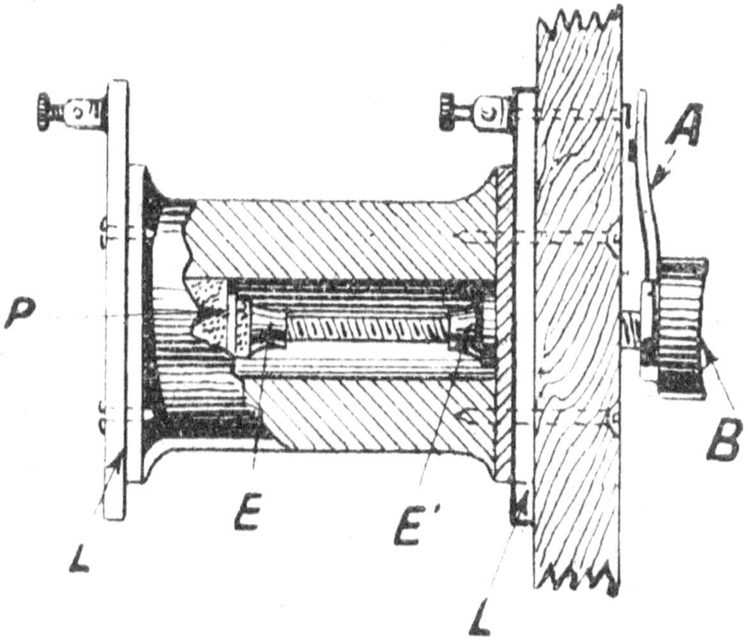

Rhéostat à poudre de charbon P dans une bobine.
*L, plaques laiton ; E, écrou soudé sur la tige ; E', écrou soudé à la plaque ; A. aiguille ; B, bouton de manœuvre de la tige filetée.*

Chacune des plaques porte une borne pour la prise de courant. La plaque inférieure est un peu plus large que la joue de la bobine afin de pouvoir être fixée par des vis sur le panneau du poste de T. S. F. Cette plaque est traversée par une vis et on a soudé une borne formant écrou fixe pour la vis mobile. Cette borne ayant un diamètre égal à celui du trou de la bobine. La vis porte à l'extrémité située à l'intérieur de la bobine, un autre écrou identique au premier et faisant solidement corps avec la tige de la vis.

On comprend qu'en faisant tourner cette dernière dans l'écrou fixe, elle avance ou elle recule suivant le sens, de rotation. Elle peut alors comprimer la poudre dont nous avons parlé ci-dessus, cette poudre étant placée dans le trou intérieur de la bobine. Elle est soumise à la pression de l'écrou fixé à la tige de la vis.

L'autre extrémité de la tête de vis, qui dépasse donc du panneau du poste, comporte une manette permettant de la manœuvrer c'est-à-dire de la faire avancer ou reculer dans la bobine. Un index solidaire de la vis se déplace devant une graduation et permet de connaître exactement le point de réglage de la résistance.

Plus on presse le mélange pulvérulent dans la bobine et plus la résistance électrique de la poudre diminue suivant que les grains ont plus ou moins de cohésion le courant trouve moins ou plus de résistance pour passer au travers du cylindre de poudre comprimée.

Ce petit rhéostat est facile à fabriquer et il permet d'obtenir une résistance variable qu'il est facile de régler avec beaucoup de progressivité.

## Rhéostat de chauffage

Pour le réglage du courant qui passe dans le filament des lampes, on emploie des rhéostats appelés rhéostats de chauffage et qui sont de forme plus ou moins compliquée.

Ces rhéostats règlent l'éclairage du filament et il est souvent avantageux d'utiliser un rhéostat par lampe. La chose est facile lorsqu'on peut construire soi-même ces petits organes qui sont alors d'un prix peu élevé.

La résistance doit pouvoir laisser passer tout le courant qui passe dans le filament des lampes généralement chaque lampe consomme 6/10 d'ampère. Le fonctionnement du rhéostat doit être silencieux et la valeur doit être invariable une fois le réglage obtenu.

Si l'on ne possède qu'un seul rhéostat pour un groupe de trois lampes, il devra être prévu pour une intensité trois fois plus grande que si ce rhéostat servait à une lampe unique.

Il est préférable d'avoir un rhéostat permettant d'utiliser pour le filament de la lampe un voltage plus considérable que le voltage normal, c'est ainsi qu'au lieu d'avoir une batterie d'accumulateurs de 4 volts, on a intérêt à prévoir une batterie de 6 volts, le réglage étant obtenu par le rhéostat ce qui permet alors d'éclairer la lampe plus ou moins, même si la batterie est un peu déchargée.

Il est nécessaire que la résistance soit prévue différemment des rhéostats que l'on trouve souvent dans le commerce. Ceux-ci, en fin de course, donnent l'éclairage du filament avec la batterie de 4 volts ; il faut prévoir des plots supplémentaires pour permettre d'introduire dans le circuit une résistance plus élevée permettant l'utilisation d'une batterie de 6 volts. La résistance peut alors éclairer toujours convenablement le filament. La valeur généralement admise pour la résistance de ce rhéostat est de 6 ou 7 ohms.

## Résistance pour lampe unique

Lorsqu'on n'a qu'une seule lampe et lorsqu'on n'est pas gêné par l'emplacement réservé à un poste, on peut utiliser une résistance montée sur le panneau de bois.

Cette résistance a l'avantage de pouvoir être fabriquée en 10 minutes et d'être d'un prix très modique. Sa forme n'est pas élégante, et ce sera plutôt un appareil d'essai pour l'amateur, qui se contente de relier les différents organes d'un poste par des fils de connexion.

Curseur C et vis d'arrêt E.

On prend une plaque de bois dur de 45 cm de long et de 5 de large, on aura soin de l'imbiber fortement de paraffine. À chaque extrémité on place une borne, analogue aux bornes que l'on utilise pour les sonneries électriques ordinaires.

Ces bornes sont placées à 1,5 cm l'une de l'autre et elles sont réunies à la borne correspondante, à l'autre extrémité du panneau, par un fil de ferro-nickel ayant 4/10 de mm. Ce fil est fixé solidement sur le panneau, il passe dans les trous de ces bornes et il est immobilisé par les vis. Avant

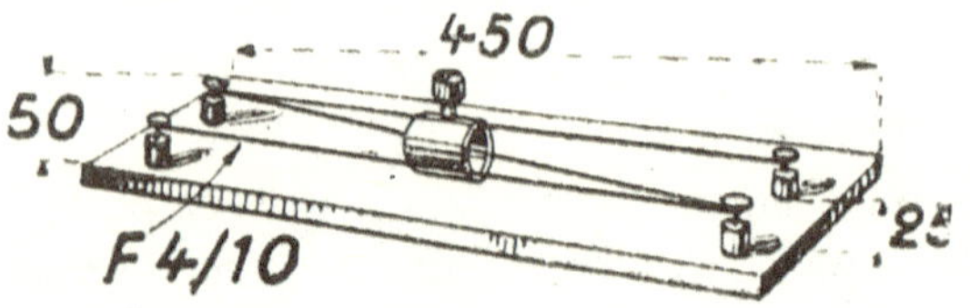

Montage de rhéostat en fil 1/10 pour une seule lampe.

de mettre le fil en place on le passe dans une bague de laiton ayant un centimètre de diamètre. C'est un petit morceau de tube sur lequel on peut agencer un bouton isolant destiné à la manœuvre ; généralement ce bouton est en bois.

Les deux fils passent à l'intérieur du tube. Avec le bouton de manœuvre, on peut faire coulisser le curseur sur les deux fils pour varier la résistance. Le courant arrive et sort par les deux bornes situées du même côté du panneau.

Lorsqu'on a poussé le curseur à l'autre extrémité, le courant devra parcourir toute la longueur des deux fils de ferro-nickel. Au fur et à mesure qu'on le rapproche des bornes d'arrivée et de départ du courant, ce dernier a un chemin moins grand à parcourir, et par suite la résistance utile du rhéostat devient de moins en moins grande.

On peut régler d'une façon très progressive, la résistance de ce rhéostat et ces variations sont très rapidement obtenues. On peut, d'ailleurs, donner des diamètres différents aux fils de ferro-nickel et obtenir pour le rhéostat telle résistance maximum que l'on désire.

Cette résistance maximum est obtenue lorsque le curseur est à l'autre extrémité de la planchette et que les fils sont parcourus complètement par le courant électrique. En connaissant la résistance unitaire des fils de différents diamètres, on peut donc alors construire le rhéostat qu'il est nécessaire d'employer pour le montage d'essai d'un poste.

## Rhéostat à plots

Cette forme est souvent la plus avantageuse à employer et elle est préférable quelquefois au rhéostat à curseur bien que le contraire paraisse être meilleur.

Ceci vient de ce que la graduation des résistances pour l'amplification n'est pas absolument précise, ensuite le fonctionnement d'un rhéostat de ce genre est parfaitement silencieux. Il n'opère aucun trouble dans le fonctionnement des membranes des microphones et des récepteurs. Le fil employé doit avoir un diamètre en rapport avec l'intensité du courant qu'il doit laisser passer.

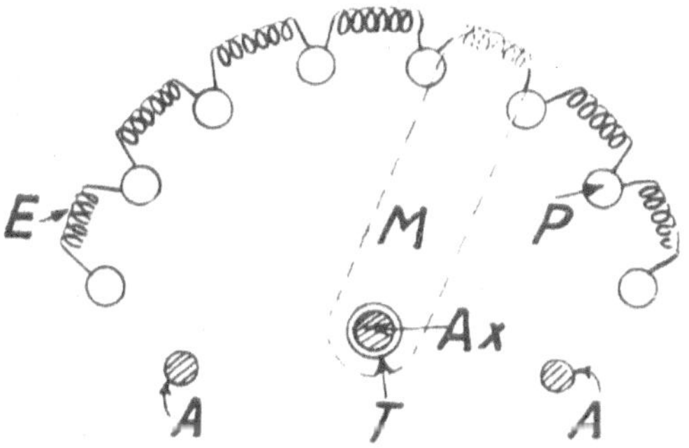

Montage d'un rhéostat à plots P et manette M avec des boudins résistants E.
*L'axe est en Ax dans un tube T et A sont des arrêts.*

Généralement on utilise du ferro-nickel bien que dans les appareils bon marché on se contente souvent de choisir du fil de maillechort.

Des plots au nombre de 8 sont vissés sur une plaquette de bois dur ou mieux d'ébonite. Le bois dur devra être de préférence paraffiné pour avoir un isolement meilleur. Ces plots sont fixés sur un arc de cercle, le centre étant constitué par un axe qui porte une manette destinée à frotter successivement sur tous les plots.

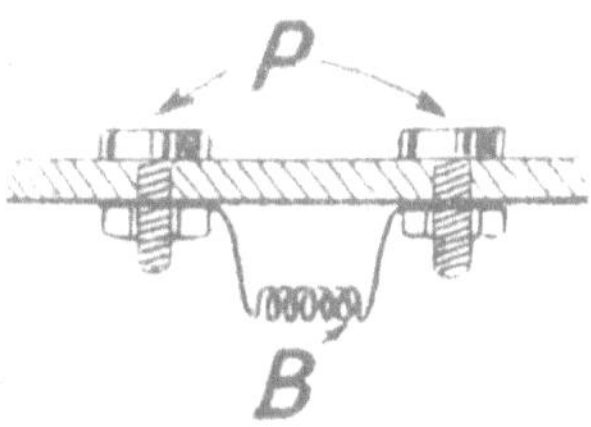

Montage d'un boudin B entre deux plots P.

Pour arrêter la manette dans sa course, lorsqu'elle se trouve en regard des deux plots extrêmes on place souvent deux bornes d'arrêt qui ne servent en aucune façon aux connexions électriques, et la manette doit être suffisamment large pour porter sur deux plots voisins quand elle est dans la position intermédiaire.

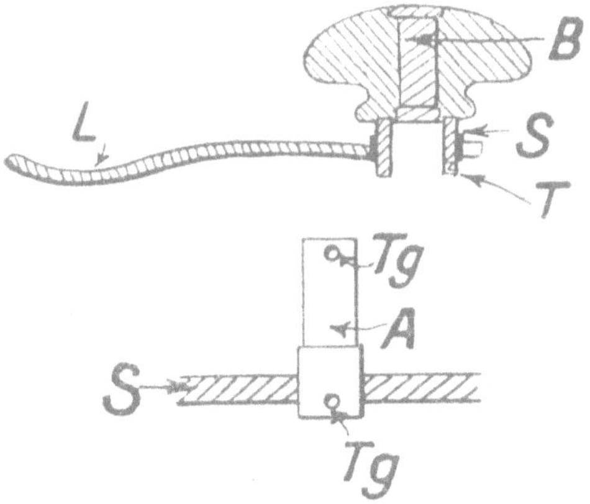

Montage du bouton B sur le tube T qui porte la lame L soudée en S.
*L'axe A monté sur le socle S est arrêté par des goupilles Tg.*

On construit des petites bobines de fil généralement du 6/10 comportant chacune 20 cm de fil enroulé en forme de boudin, grâce à l'emploi d'une petite tige métallique. Ces bobines sont connectées entre deux plots voisins. Le courant entre par une extrémité, il passe par le bras du frotteur, puis par l'axe de celui-ci d'autre part à l'axe de la manette, généralement on dispose deux bornes, une d'entrée, l'autre de sortie. On comprend qu'en tournant la manette, on met dans le circuit successivement un nombre plus ou moins grand de spires et par suite une résistance électrique plus ou moins élevée, ce qui a pour effet de rendre le filament de la lampe plus ou moins brillant.

Pour constituer le bras du frotteur, on utilise une lame de laiton dur, ou mieux de bronze phosphoreux formant ressort. Cette lame est recourbée légèrement à l'extrémité qui frotte sur les plots de manière à assurer un bon contact. La lame est soudée à un anneau creux qui peut tourner librement dans l'axe.

Le milieu de cet anneau porte un bouton de manœuvre soit en ébonite, soit en corne, soit plus simplement en bois dur paraffiné.

Les plots sont formés de vis à tête plate ne comportant pas de fente. S'il est possible, ces vis sont terminées par un écrou sous la plaque de l'appareil ; ces écrous servent à connecter les bobines.

Généralement le rhéostat est monté sur un bloc ébonite ou sur une tablette de bois, mais il est possible de constituer une résistance séparée en utilisant une plaque en ébonite ou en bois monté sur une petite boîte qui contient, à l'intérieur, les bobines résistantes.

Dans ce cas, on peut prévoir l'isolement de l'ensemble et assurer une valeur invariable aux diverses bobines en coulant de la paraffine dans la petite boîte, mais ceci n'est guère intéressant pour un rhéostat de chauffage ; ce procédé étant surtout appliqué pour la fabrication des appareils de mesure surtout de boîte d'étalonnage de résistance.

# - IX -

# Détecteur à Lampes

La nécessité de l'emploi d'un amplificateur à lampes sur un poste à galène, soit poste Oudin, soit poste Tesla, qui donne une solution meilleure et que nous savons également construire, donne l'idée de se passer du poste à galène, et d'employer uniquement le poste à lampe pour la détection et l'amplification.

Dans ce cas, le montage de l'amplificateur que nous avons indiqué est modifié ; pour la première lampe, le transformateur d'entrée est supprimé et on le remplace par un petit condensateur monté en dérivation sur une résistance élevée de 4 mégohms. Les bornes d'entrée du poste seront alors réunies à l'appareil d'accord qui sera soit une bobine Oudin, soit

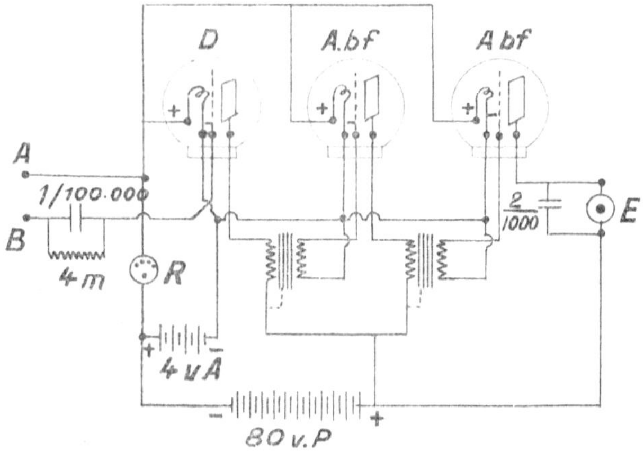


**Poste à une lampe détectrice D et à deux amplificatrices basses Abf.**
*En A et B on branche le système accordé. R est le rhéostat et E l'écouteur.*

de préférence une bobine Tesla. Ces deux bornes seront en réalité celles où se trouve branché le détecteur à galène dans le poste que nous avons précédemment fabriqué.

Voyons comment nous pouvons construire la résistance élevée et le petit condensateur.

Le condensateur est obtenu avec du papier d'étain qu'on découpe en bandes de 10 mm de largeur, la longueur étant de 3 à 4 cm. On prépare deux bandes de cette manière et on les sépare par du papier écolier trempé dans la paraffine, de façon que les bandes isolées par du papier ne soient superposées que sur une longueur de 10 mm.

Sur un petit socle en bois dur soigneusement poli au papier de verre fin ou mieux sur une petite plaquette d'ébonite également poncée au papier de verre, on monte ce condensateur avec deux bornes analogues aux bornes utilisées dans les sonneries ; on pourra les remplacer également par de simples vis en laiton.

On aura soin, à l'emplacement des vis, de tracer un carré un peu plus large que les lames d'étain, sur lesquelles on crayonnera avec une mine tendre, de façon à obtenir une surface de graphite assez épaisse. Ces surfaces s'appellent des empâtements de graphite et on les réunit par un trait de crayon qu'on trace sur le bois ou sur l'ébonite.

Le trait de crayon aura une largeur de 7 à $^{8}/_{10}$ de mm environ et il ne devra pas présenter d'interruption ; c'est pourquoi on ponce la surface au préalable avec du papier de verre. Pour éviter l'action de l'humidité sur cette résistance, on peut recouvrir le trait de graphite et le condensateur par de la paraffine fondue, que l'on passera au pinceau ou que l'on versera, en ayant soin de ne pas enlever le crayon.

Les connexions sont réalisées comme l'indique le croquis et les appareils d'accord employés seront de préférence une bobine Tesla que nous savons fabriquer, mais on aura avantage à utiliser des dispositions particulières qu'on appelle galettes en fond de panier ou bobines en nid d'abeilles.

Nous indiquerons sommairement plus loin la construction de ces enroulements qui permettent, en les variant, de recevoir sur le même poste des émissions de longueur d'onde très différentes.

# - X -

# Amplification avant détection

Il est impossible d'ajouter à un détecteur, soit détecteur à galène, soit détecteur à lampe, un trop grand nombre d'étages d'amplification à basse fréquence. C'est qu'en effet, si la disposition de l'amplificateur augmente l'intensité de réception, elle agit également sur tous les parasites qui viennent troubler la netteté de l'appareil, car ils sont amplifiés dans les mêmes proportions ; aussi on ne peut guère dépasser le nombre de trois comme étages d'amplification à basse fréquence.

Dans le cas, où l'on désire recevoir des postes très éloignés qui ne transmettent pas avec des puissances élevées, on arrive à disposer des étages d'amplification avant l'appareil détecteur ; cette amplification avant détection s'appelle *amplification à haute fréquence* et offre l'avantage de ne pas agir aussi efficacement sur les parasites que l'amplification à basse fréquence.

Par suite, un poste puissant de réception comportera deux ou trois étages d'amplification à haute fréquence, un appareil détecteur et deux ou trois étages d'amplification à basse fréquence avant d'agir sur l'écouteur téléphonique ou sur le haut-parleur.

## Transformateur sans fer

La manière la plus simple de réaliser un amplificateur à haute fréquence consiste dans l'emploi de transformateurs qui sont des appareils fonctionnant d'après le même principe que nous avons indiqué pour l'amplification à basse fréquence.

Cependant ces transformateurs qui comportent également un circuit primaire et un circuit secondaire ont ceci de particulier, pour la haute fréquence, qu'il n'y a pas de noyau de fer ; c'est ce qu'on appelle des *transformateurs sans fer* constitués par deux enroulements qui se trouvent superposés sur une même carcasse de bobine.

Voici des caractéristiques très générales pour des transformateurs de ce genre.

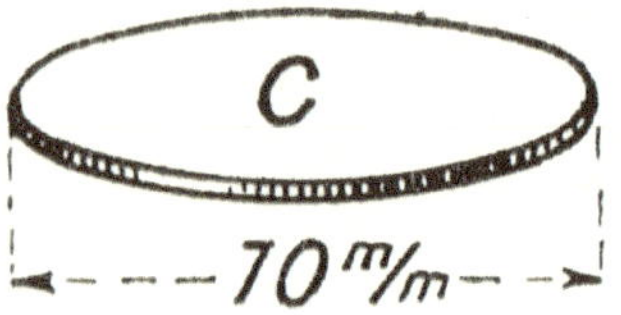


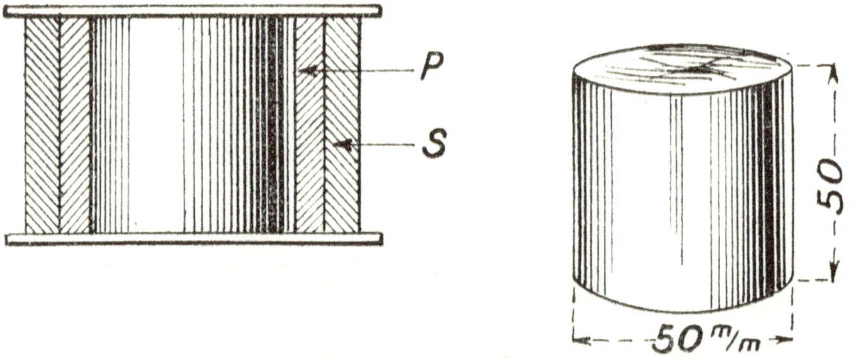


Transformateur haute fréquence sans fer avec primaire P et secondaire S enroulé sur un cylindre de bois et joues carton C.

On prend du fil de cuivre émaillé ou isolé à la soie de 10 à $^{12}/_{1000}$ de diamètre ; la carcasse de la bobine est constituée par un tube de carton ou par un cylindre de bois ayant 50 mm de diamètre et 50 mm de hauteur. Sur les extrémités de ce fût on assemble des joues en carton épais ayant 70 mm de diamètre et destinées à retenir les enroulements.

L'enroulement primaire comportera 15 couches de fil, celui-ci étant disposé en spires jointives, et on a soin de séparer toutes les couches les unes des autres par une feuille de papier paraffiné. Cette feuille de papier est disposée en plusieurs épaisseurs, une fois que le bobinage du circuit primaire est terminé.

On laisse émerger de la bobine les deux extrémités du circuit primaire qui passent dans des trous préparés sur la joue en carton, d'une extrémité.

Le circuit secondaire est formé de 25 couches de fil de même diamètre que le précédent, il est enroulé également en spires jointives et on prend la même précaution que pour le circuit primaire au point de vue de l'isolement de chaque couche d'avec sa voisine par du papier paraffiné.

Les extrémités du circuit secondaire sortiront du transformateur également en passant à travers une joue de carton, de préférence on prendra la joue opposée à celle qui sert pour la sortie des fils du circuit primaire.

Finalement, lorsque le transformateur est complètement bobiné on le recouvre d'une feuille de carton imbibé de paraffine.

## Montage

Le montage de l'appareil amplificateur est indiqué sur le croquis où nous avons figuré le dispositif de deux lampes amplificatrices à haute fréquence. Sur le primaire du premier transformateur, on monte en dérivation un condensateur variable, de façon à accorder le circuit suivant les postes que l'on veut recevoir.

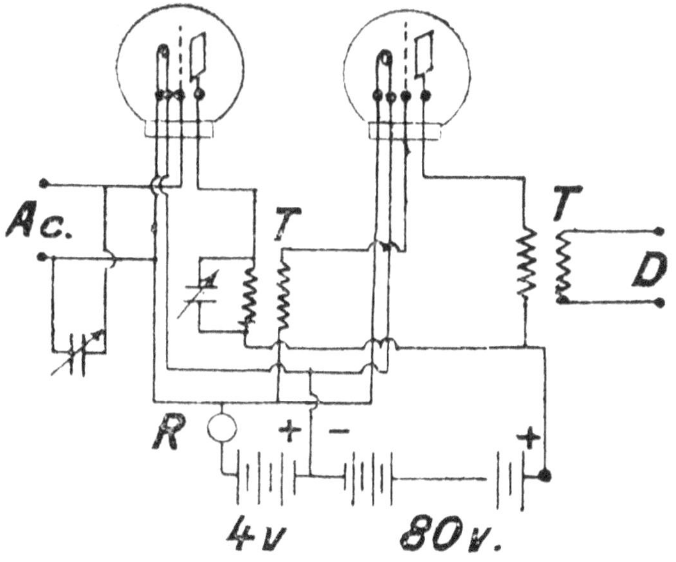


Montage de deux amplificateurs haute fréquence sur le dispositif d'accord Ac.
*T, transformateurs ; D, bornes du détecteur ; R, rhéostat.*

Cet ensemble amplificateur est relié d'une part aux appareils d'accord qui sont disposés entre les circuits « antenne et terre », d'autre part les bornes de sortie sont connectées aux bornes de l'appareil détecteur, qu'il s'agisse d'un détecteur à lampes, ou simplement d'un détecteur à galène.

Dans le cas où l'on veut employer avec une amplification à haute fréquence, des étages à basse fréquence, les montages subsistent comme ceux que nous avons indiqués dans les chapitres précédents.

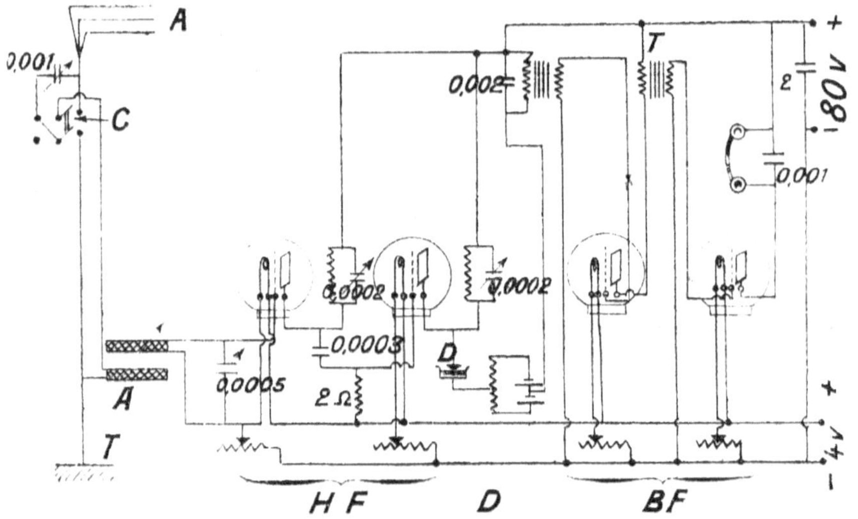


Montage de deux amplificatrices haute fréquence HF, un détecteur à galène D et deux basses fréquences BF.

*Le dispositif d'accord est en A, l'antenne en A, la terre en T et en C est le commutateur mettant le condensateur 0,001 en série ou en dérivation.*

## - XI -

# Galettes en fonds de Panier

Les galettes en fond de panier sont des bobinages sous forme de spirales plates que l'on peut monter facilement en série en empilant des galettes les unes sur les autres. Elles ont l'avantage d'être d'un volume très réduit et de constituer malgré tout une inductance élevée.

On bobine ces galettes de la même façon que l'on fabrique un fond de panier en osier. Pour cela, on commence par établir une sorte de roue à nombre impair de rayons. On choisit un gros bouchon de liège comme ceux que l'on utilise pour les bocaux ; la hauteur de ce bouchon devra être de 4 à 5 cm et son diamètre de 5 à 6 environ, mais ces dimensions ne sont pas rigoureuses. Naturellement, on peut se contenter de prendre un bouchon ordinaire, mais on aura l'inconvénient d'avoir une galette plus difficile à construire.

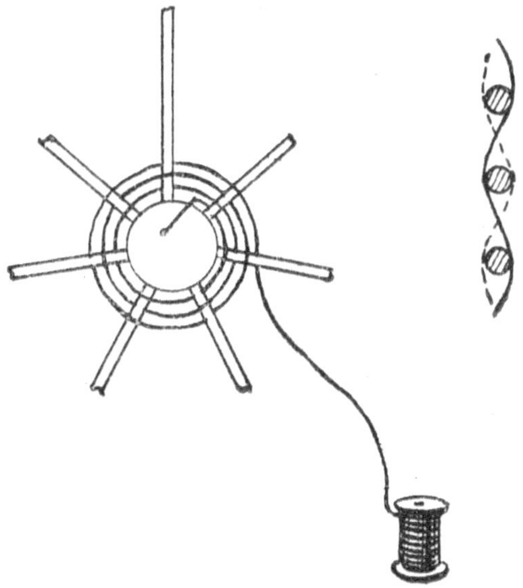

Manière de constituer un enroulement en fonds de panier.

Généralement, ces bobines ne sont pas supérieures à 20 cm comme diamètre extérieur, une bonne dimension est celle de 15 cm.

On choisit du fil isolé au coton ou à la soie ou même du fil émaillé, ayant 5 à 6/10 de mm de diamètre. On commence l'enroulement au centre et on passe le fil alternativement sur la partie supérieure d'un rayon et sur la partie inférieure du rayon voisin et ainsi de suite. L'enroulement est fait en spirale de manière à terminer complètement la bobine et à la remplir de la longueur de fil voulu.

Une fois que l'enroulement est terminé on agglomère tout l'ensemble dont les spires doivent être serrées, au moyen d'une couche de vernis à la gomme-laque.

On retire les baguettes en osier et le bouchon central, on a soin en laissant sécher que la galette ne se gondole pas. Ceci est nécessaire si on a l'intention de juxtaposer ou d'empiler plusieurs galettes.

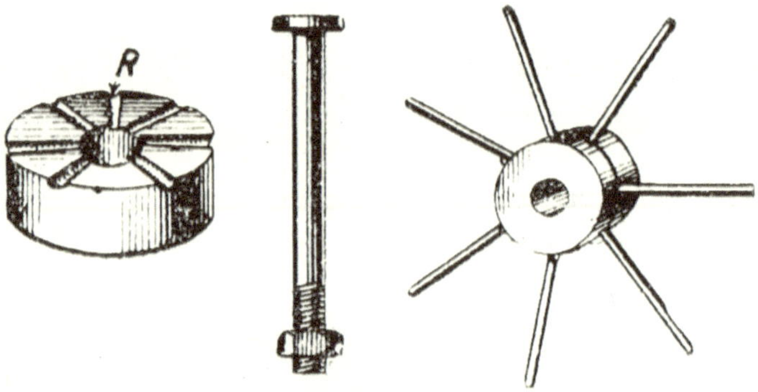


Montage amovible pour fonds de panier avec rainures R dans un bouchon.

Un moyen très pratique de confectionner rapidement des galettes fond de panier, lorsqu'on en a une certaine quantité à produire, consiste à prendre un noyau de liège ou de bois en deux parties, ainsi que le montre la figure.

Ce noyau a été au préalable percé d'un trou central de façon à pouvoir passer une tige filetée munie pour le serrage de deux écrous à oreilles. On peut se contenter aussi, d'un petit boulon et d'un seul écrou, sa longueur étant en rapport avec l'épaisseur du noyau.

Sur les faces en regard, on prépare des encoches imparfaitement demi-circulaires et un peu moins profondes. Ces encoches étant ensuite placées en face les unes des autres, pourront emprisonner les baguettes d'osier qui soutiennent les fils au cours du bobinage. On comprend que lorsque la bobine est finie, il suffit de desserrer l'écrou pour pouvoir facilement enlever le noyau : la galette sort parfaitement terminée. Il n'y a plus ensuite qu'à la soumettre au gomme-laquage et au séchage.

## Emploi des galettes

L'emploi des galettes est indiqué dans tous les cas où l'on a besoin d'une grande longueur de fil lorsqu'on dispose d'une petite antenne et que l'on désire malgré tout recevoir des postes de grande longueur d'onde. Dans ces bobines la self-induction a une valeur maximum et toute capacité parasite se trouve « éliminée », c'est pourquoi on utilise quelquefois une forte galette en fond de panier au lieu d'une bobine dans le montage Oudin.

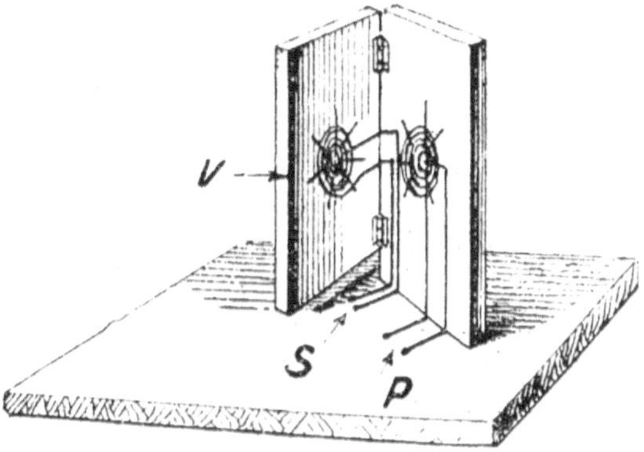


Installation de deux fonds de panier sur volets mobiles V.
*P et S sont les bornes des enroulements primaire et secondaire.*

Dans ce cas, tous les cinq à six tours de fil on fait une boucle-prise de fil, qui aboutit au plot d'un curseur circulaire, comme nous l'avons déjà indiqué pour différents autres montages. Le curseur en se déplaçant prend sur la bobine un plus ou moins grand nombre de spires.

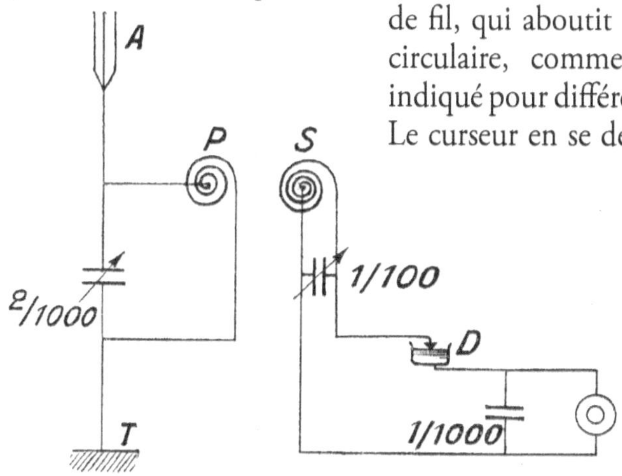


Montage de deux fonds de panier sur poste à galène D.
*La bobine primaire P est entre l'antenne A et la terre T.*
*La secondaire est dans le circuit de l'écouteur.*

Le véritable emploi de la bobine fond de panier est le montage par induction. Pour cela, une bobine primaire est montée sur un panneau fixe vertical. Un volet, également vertical et monté sur le deuxième panneau fixe porte la deuxième bobine ou bobine secondaire.

En tournant le volet, on augmente ou on diminue la puissance d'action des bobines l'une sur l'autre, et on obtient alors un dispositif d'accord très parfait, qui peut être des plus précis.

Le montage avec un poste à galène est indiqué par le schéma.

L'antenne et la terre sont reliées au primaire ; au secondaire on branche le détecteur et l'écouteur.

C'est, en réalité, un montage en Tesla avec utilisation des bobines fond de panier. L'autre schéma ci-dessous indique le montage avec une lampe détectrice.

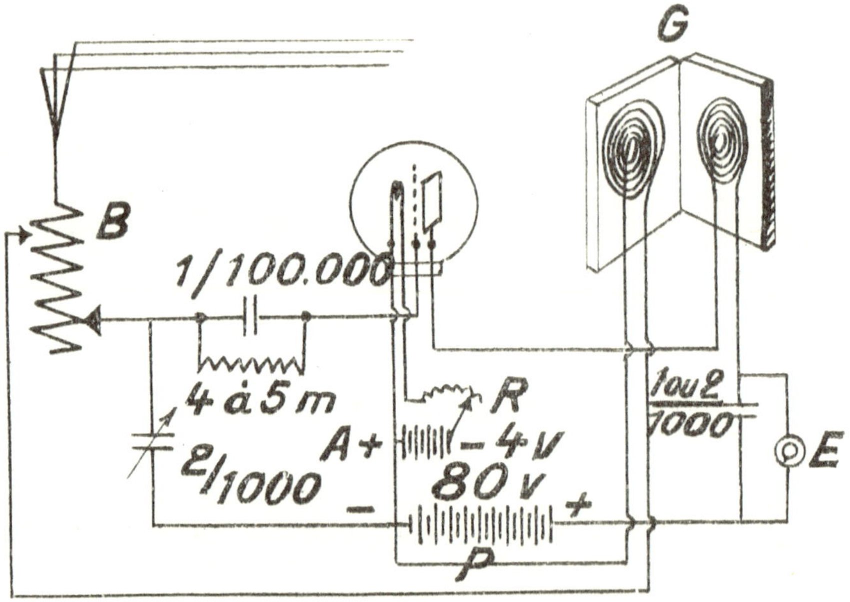


Montage de fonds de panier G avec une lampe détectrice et une bobine d'accord B.
*A, accumulateurs ; P, batterie de piles ; B, rhéostat ; E, écouteurs.*

# - XIII -

# Bobine nids d'abeilles

Les enroulements dits en *nids d'abeilles*, permettent l'utilisation d'une très grande longueur de fil sous un petit volume.

L'induction de ces enroulements est très élevée alors que leur capacité est presque nulle. C'est pourquoi on les utilise fréquemment pour accorder les antennes sur des longueurs d'onde différentes, et pour agencer aussi des postes récepteurs portatifs.

Pour construire une bobine en nids d'abeilles, on prend un noyau formé d'un tampon de bois ayant 5 à 6 cm de diamètre et 4 à 5 de hauteur suivant la quantité de fil que l'on désire mettre sur la bobine. À quelques millimètres de chaque face circulaire, on plante des tiges d'acier que l'on enfonce dans des trous préparés de manière que les tiges entrent à frottement dur. On peut utiliser pour cela du fil d'acier rigide provenant par exemple d'aiguilles à tricoter cassées ; on peut employer aussi des clous dont on aura coupé la tête, de façon à avoir une tige parfaitement cylindrique. On plante ces pointes sur la surface latérale du cylindre au bord et l'on en met un

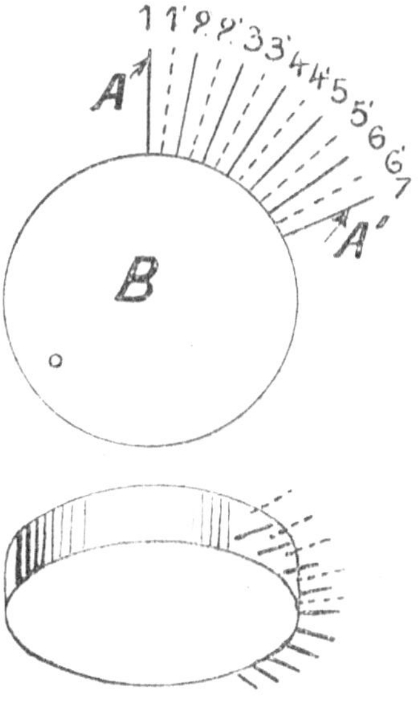


Montage pour le bobinage de nids d'abeilles avec des pointes sans tête A et A' plantées dans un mandrin de bois B.

nombre pair suffisant, par exemple 24 ou 30 pointes. Près de l'autre bord, on dispose la même quantité de pointes. Il est bon de ne pas les placer sur les mêmes génératrices, mais de décaler les pointes ainsi que le montre la figure.

La surface du cylindre en bois est alors équipée avec une couche de ficelle enroulée en spires jointives. Sur cette ficelle on passe une couche ou deux de toile de tresse de coton qu'on aura paraffinée et que l'on recouvrira avec du vernis à la gomme-laque de façon à coller les extrémités.

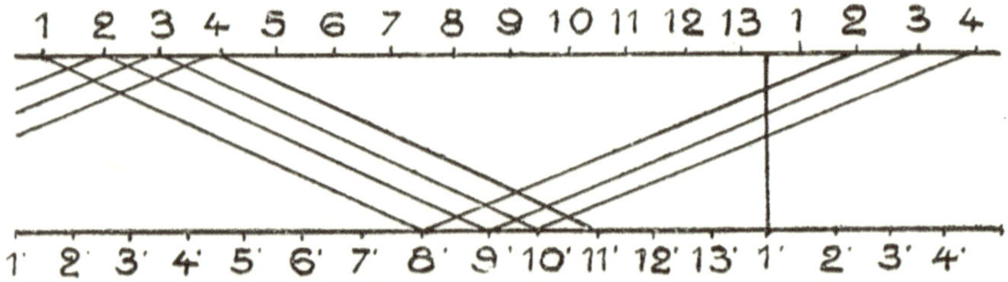


Schéma de l'enroulement en nids d'abeilles avec la surface du cylindre développée.

Le bobinage commence à la broche portant le numéro 1, et le fil décrit la moitié de la bobine pour arriver à la broche correspondante sur l'autre bord, de là il revient à la broche numéro 2 et ainsi de suite.

Par exemple dans le schéma que nous donnons avec la bobine développée, on a prévu 14 broches de chaque côté. De la broche 1, on passe à 8', puis à 2, à 9', à 3, à 10', à 4 et ainsi de suite. Avec un plus grand nombre de broches, il est facile de déterminer les combinaisons à adopter. On remplit donc la bobine en disposant le nombre de couches voulues pour utiliser toute la longueur de fil que l'on veut placer et que nous indiquerons tout à l'heure.

Cet enroulement doit être bien serré et de temps à autre, il faut passer du vernis à la gomme-laque pour que toutes les spires se trouvent bien collées ensemble. On laisse sécher et on enlève alors les différentes broches avec une pince, en prenant beaucoup de précautions.

À ce moment, on supprime l'enroulement en ficelle placé directement sur le bois. (Pour cela on a eu la précaution au début de laisser apparente l'extrémité de cette ficelle.) Le noyau en bois est alors complètement dégagé de la tresse formant carcasse intérieure et la bobine est libérée.

## Emploi des nids d'abeilles

On utilise les enroulements en nids d'abeilles de la môme façon que les galettes à fond de panier, et dans ce cas les bobines doivent avoir des longueurs de fil différentes suivant les postes que l'on désire recevoir. C'est ainsi que pour les émissions courtes, comme celles de l'École des Postes et Télégraphes, il faudra prendre des bobines avec 10 à 15 mètres de fil en disposant d'une antenne de deux fils de 50 mètres.

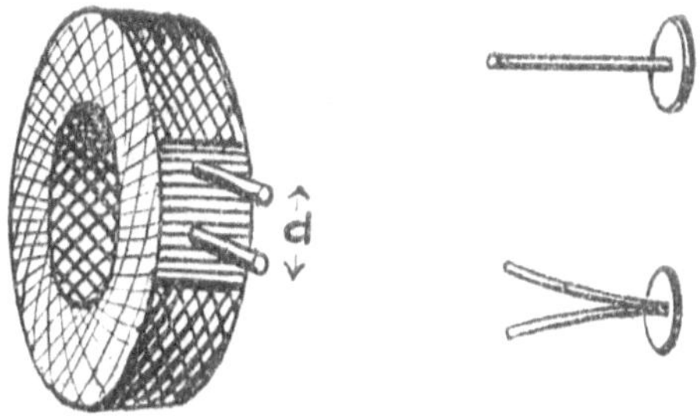


Bobine nids d'abeilles montée avec deux broches à l'écartement d.

Pour faire varier l'écartement et l'angle des deux bobinages, on utilise des dispositifs à volets dont nous nous sommes servis pour le fond de panier. Il s'agit pour cela de prévoir des taquets comme ceux que nous avons placés pour maintenir les bobines en carton, dans le poste Oudin ; la bobine est immobilisée sur les taquets de façon à être maintenue sur le panneau.

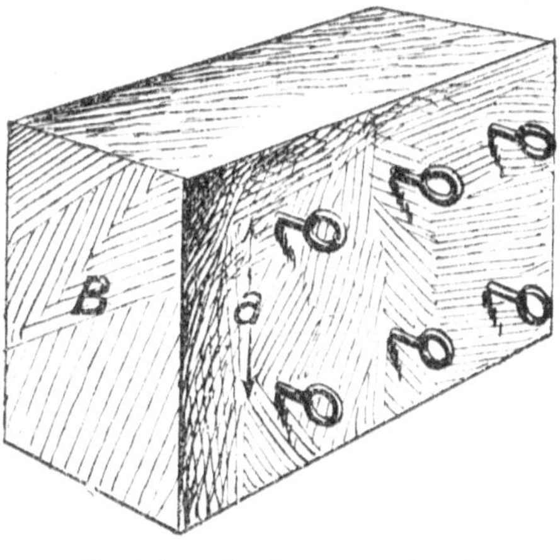


Bloc bois ou ébonite avec crochets à l'écartement A correspondant à la même valeur que dans la figure précédente.

Une disposition meilleure est celle qui consiste à monter la bobine dans un collier. On peut prévoir une disposition de broches qu'il est facile de réaliser avec des moyens simples. Pour cela on entoure la bobine d'une garniture de tresse de coton de façon à constituer une épaisseur de 1 mm. Ce coton sera enduit fortement de gomme-laque. Avant de terminer l'enroulement de la tresse on emprisonne, entre les dernières couches deux goujons à têtes très larges qui pourront être par exemple des pinces ou des griffes en laiton à deux branches qui servent à relier les feuillets de papier. On termine l'enroulement de la tresse, de façon que les têtes qui dépassent soient placées perpendiculairement à la surface latérale de la bobine et soient suffisamment maintenues. Dans un petit bloc en ébonite comportant deux bornes à la partie supérieure, on enfonce deux petits tubes ou douilles en laiton dont le diamètre intérieur correspond à celui des broches de la bobine. L'écartement de ces deux douilles *d* placées dans des trous du bloc en ébonite sera le même que le *d* des broches de la bobine. On relie chacune des douilles à des bornes supérieures (ou inférieures, si on le désire) du bloc en ébonite. Celui-ci comporte sur la face arrière deux crochets qui seront constitués par deux pointes que l'on recourbe ensuite. Des vis donneront quelque chose de plus rigide.

Soit sur un montant en bois, soit sur le panneau, on fixe des pitons à vis en trois groupes de deux pitons disposés les uns au-dessus des autres à une distance verticale *a* qui sera égale à la même distance *a* qui sépare les deux crochets du bloc en ébonite.

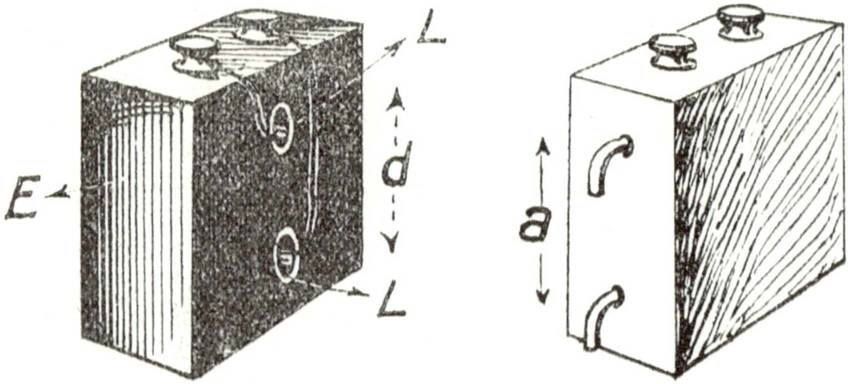


**Bloc ébonite E portant deux tubes L à l'écartement d.**
*À droite, bloc orientable avec deux crochets à l'écartement* a.

Chaque bobine et sa monture pourront donc être placées sur les crochets ; elle pourra être orientée à volonté, la bobine du milieu pouvant, d'ailleurs, rester fixe ; dans ce cas, le bloc d'ébonite du milieu est assujetti d'une façon rigide sur une planchette de bois.

Dans le cas d'un poste analogue à celui dont nous avons donné le schéma pour les fonds de panier, on se contente de deux bobines, Tune fixe, l'autre mobile. Avec un détecteur à lampes, on peut utiliser trois bobines ; une bobine primaire, une bobine secondaire et une bobine de réaction. On obtient alors des postes portatifs peu encombrants, qu'on peut, par exemple, disposer tout entiers dans une boîte formant valise.

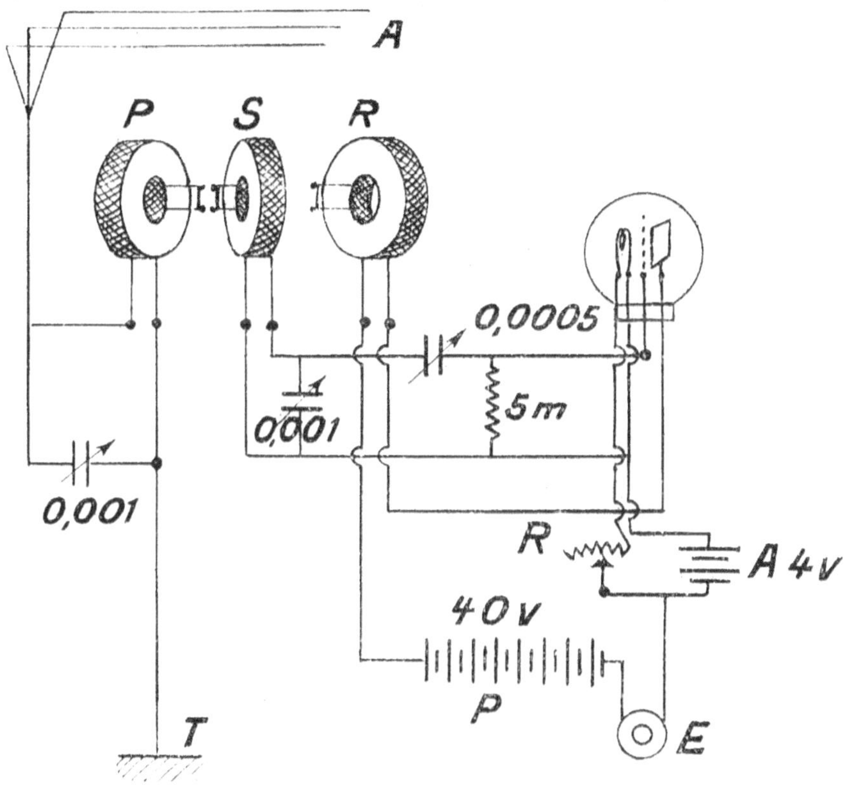


Schéma du poste avec trois bobines nids d'abeilles : une primaire P, une secondaire S et une de réaction R.
*À antenne ; T, terre ; R, rhéostat ; P, piles ; À, accumulateurs ; E, écouteurs.*

Voici le schéma d'un poste de ce genre qui permet en variant le bobinage de recevoir des ondes depuis 200 jusqu'à 15.000 mètres. Le condensateur qui se trouve placé en dérivation sur la bobine primaire a une capacité variable de 1/1000 de microfarad ; le condensateur en dérivation sur le secondaire a une capacité du même ordre. Le condensateur monté entre le filament et le secondaire a une capacité de ½ millième de microfarad et ce condensateur est également variable. Nous avons vu comment on pouvait réaliser différents modèles de condensateurs variables.

On peut disposer sur une plaque en ébonite les différentes manettes de commande des appareils, et dans ce cas, il est presque indispensable d'utiliser un condensateur variable à air rotatif, délicat à construire et qu'il est en général préférable d'acheter dans le commerce si l'on veut obtenir un fonctionnement satisfaisant du poste.

En changeant la bobine, on modifiera l'accord suivant la longueur d'onde du poste à recevoir. À ce sujet voici quelques indications :

Pour la tour Eiffel et Radiola on a des longueurs d'onde allant de 1.000 à 4.000 mètres : la bobine primaire a 150 ou 200 tours de fil, suivant l'antenne dont on dispose. La bobine secondaire montée avec le condensateur, variable de 1/1000 à 300 spires ; la bobine de réaction comporte 200 spires.

Pour des ondes courtes, comme celles qui sont émises par l'École supérieure des Postes et Télégraphes et par les postes anglais donnant des concerts, le primaire a de 50 à 100 spires suivant l'antenne, le secondaire avec une capacité variable de 1/1000 comporte 75 spires et la réaction s'élève à 150 spires.

# - XIV -

# Variomètre

Le variomètre est un appareil d'accord qu'il est relativement facile de construire. Pour cela, on prend une bobine de carton aux dimensions indiquées sur le croquis. Cette bobine peut d'ailleurs être construite par le lecteur en utilisant une feuille de carton roulé et collé, les extrémités étant taillées en biseau pour éviter les sur épaisseurs.

Sur cette bobine on enroule du fil émaillé de 8/10 à 6/10 de millimètre de diamètre, et on dispose ainsi 56 tours de fil. Tous les huit tours on fera une boucle sur la bobine ainsi que l'indique le croquis. Cette boucle servira ultérieurement à fixer les fils de connexion destinés à maintenir latéralement la bobine. Cette bobine est placée verticalement et on aura ainsi 8 boucles, par conséquent 7 fils.

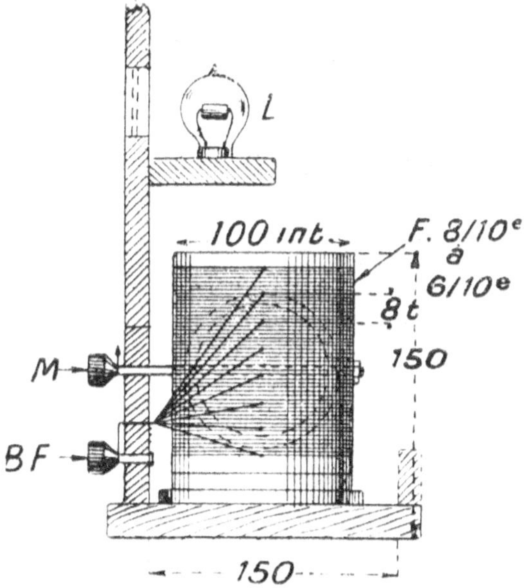

Variomètre à primaire réglable.
*L, lampe ; M, manette de rotation de la bobine mobile ; B F, réglage de la bobine fixe.*

Ils viendront aboutir à des vis garnissant une

plaquette de bois ou d'ébonite, et terminées sur la face inférieure par une tête ronde avec des plots sur lesquels pourra venir frotter une manette manœuvrée par un bouton isolant en bois ou en ébonite.

Cette manette est formée d'une lame laiton de quelques dixièmes de millimètre d'épaisseur.

L'axe qui la maintiendra passe dans une plaquette-support de plots et sera fixé au centre d'un cercle, suivant lequel les plots sont disposés.

Le croquis indique nettement la manière de procéder à cette opération.

La bobine verticale est placée sur un socle en bois avec un panneau qui supporte la manette de réglage placée verticalement devant la bobine qui se trouve ainsi dissimulée.

Considérons maintenant la bobine mobile.

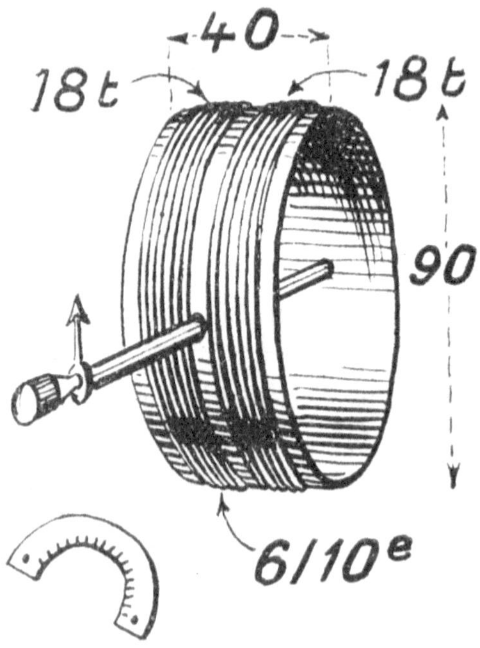


Bobine mobile terminée avec sa manette et l'aiguille indicatrice.

Cette bobine mobile est également en carton gomme-laque. Elle a les dimensions figurées sur le croquis.

Sur cette bobine on dispose deux groupes chacun de 18 tours de fil de 6/10 de millimètre de diamètre. Un axe traverse cette bobine de part en part, et elle est disposée de manière qu'à l'extrémité elle porte une poignée isolante de manœuvre avec un index indicateur. La longueur de l'axe est telle que la bobine mobile puisse

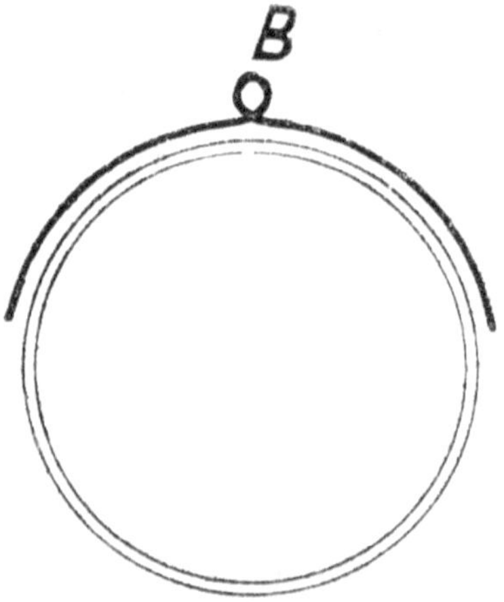


Manière de faire une boucle de prise sur l'enroulement en B de la bobine fixe.

être montée à l'intérieur de la bobine fixe, et que la manette puisse se déplacer librement devant l'appareil de façon que l'aiguille indicatrice se trouve devant un cercle gradué.

Les sorties de fils de la bobine mobile se trouveront au voisinage de l'axe, et si cet appareil est destiné à être monté avec une lampe amplificatrice ou détectrice, on aura intérêt à placer la lampe à la partie supérieure sur une tablette du poste. Une ouverture munie d'un grillage permettra à l'opérateur de se rendre compte si la lampe est alimentée.

Ce dispositif d'accord permet de recevoir des postes avec des longueurs d'onde très différentes étant donné qu'on peut régler l'état inductif du primaire sur le secondaire et que l'on peut également régler l'enroulement primaire dans de grandes proportions.

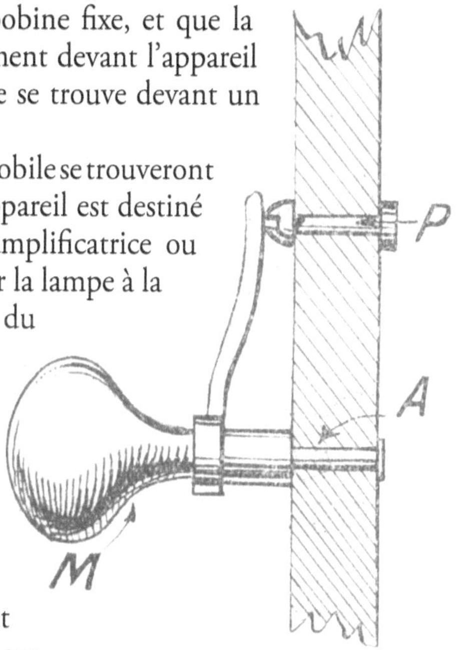

Manette M montée sur l'axe A et frottant sur les plots P.

Voyons comment un variomètre peut être utilisé pour construire simplement les postes permettant de recevoir les émissions téléphoniques de faibles longueurs d'onde.

## Poste à résonance pour ondes de 150 m à 4000 m.

Ce poste est intéressant, car il permet de recevoir les ondes courtes et il peut recevoir la Tour Eiffel en téléphonie sur une antenne de 30 à 50 mètres. On peut, suivant la distance ajouter des lampes amplificatrices et on pourra alors écouter dans tous les points de la France.

L'antenne est montée avec la bobine d'accord et un condensateur variable de 1/1000. La bobine sert à régler une antenne courte et le condensateur une antenne longue. La lampe de couplage est branchée comme l'indique le croquis et la bobine est identique à la bobine Oudin dont nous avons déjà décrit la fabrication.

Aux bornes A et B on branche les bornes antenne et terre du poste à galène déjà construit en modifiant le montage comme l'indique le

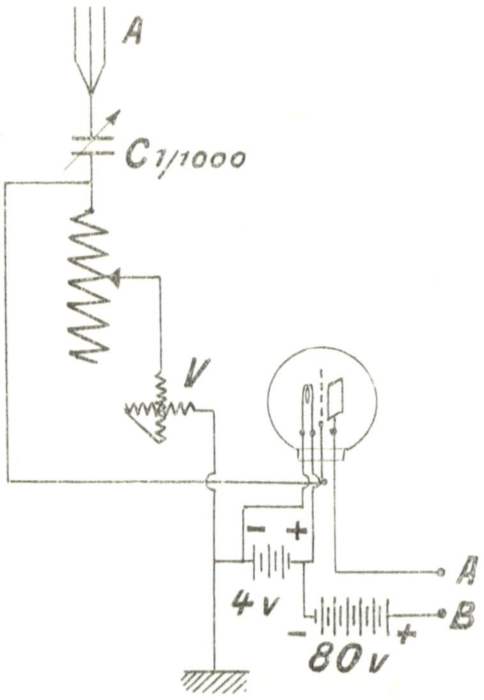


**Schéma d'une lampe de couplage.**
*À, antenne ; C, condensateur ; V, variomètre ; À et B, bornes de sortie sur lesquelles on branche le poste de la figure suivante par exemple.*

croquis et en montant aux bornes du récepteur un condensateur fixe de 2/1000.

Pour les ondes très courtes on prendra peu de bobinage sur la bobine fixe du variomètre. Tandis que pour les ondes longues voisines de 4.000 on arrive à prendre tout l'enroulement en le graduant grâce à la manette à plots.

Même s'il est nécessaire on agit sur la bobine d'accord de l'antenne.

On peut ajouter à ce poste jusqu'à trois étages d'amplification dont nous avons précédemment donné la description.

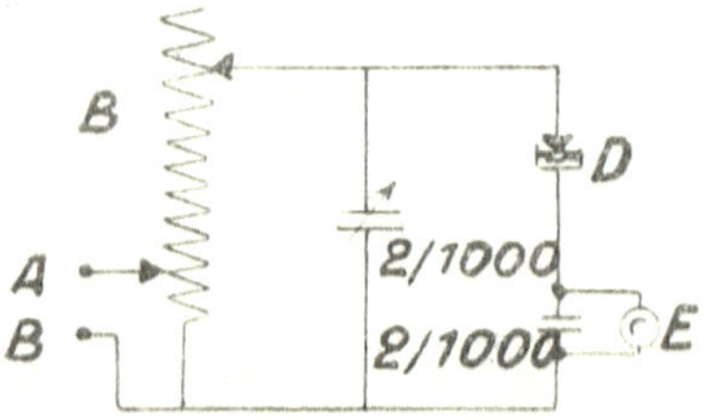


**Poste à galène avec bobine B.**
*Détecteur D et écouteur E ; les bornes A et B sont reliées à celles de la figure précédente.*

## - XV -

# Montages de haut-parleur

### Agencement d'un écouteur en haut-parleur

Lorsque les dispositions réalisées pour un montage de poste récepteur sont parfaitement au point, lorsque les conditions d'installation d'une antenne sont bonnes, il est fréquent que l'audition sur un écouteur simple soit particulièrement puissante. Il est parfois impossible de maintenir l'écouteur à l'oreille et, dans ces conditions, l'installation d'un haut-parleur est tout indiquée, mais l'amateur recule souvent devant la dépense occasionnée par l'achat d'un appareil de ce genre.

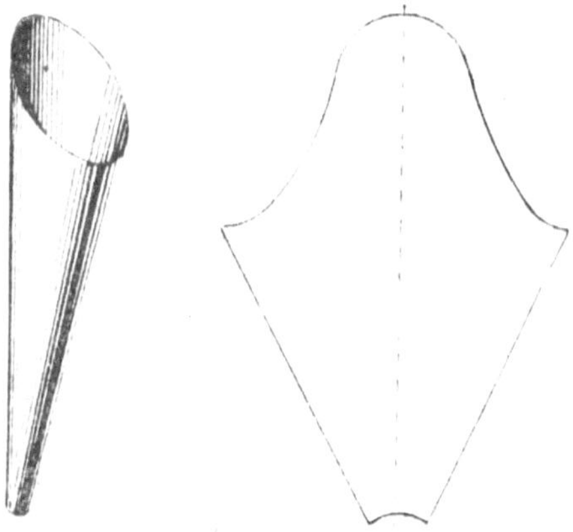

Pavillon tronqué, fini et développé.

Lorsqu'il ne s'agit pas de faire entendre le concert à un auditoire trop important, on peut se contenter d'agencer l'écouteur téléphonique en le munissant d'un cornet qui permet d'amplifier les sons et le résultat obtenu sera souvent très suffisant ; en tout cas, il offre l'avantage d'être d'un prix de revient des plus bas. Voici un dispositif facile à construire que nous avons imaginé. Il permet de transformer instantanément un écouteur ordinaire en appareil haut-parleur.

Pour cela on commence à préparer le cornet. Il ne faut pas songer à employer un pavillon de phonographe qui fonctionne souvent dans des conditions défectueuses avec un écouteur. Il est préférable de construire un cornet comme celui que représente le croquis, avec du carton fort, de préférence du carton gomme-laque que l'on utilise fréquemment dans l'industrie électrique. Ce carton offre l'avantage d'être plus rigide, d'avoir une surface vernie, ce qui est meilleur pour l'amplification des sons.

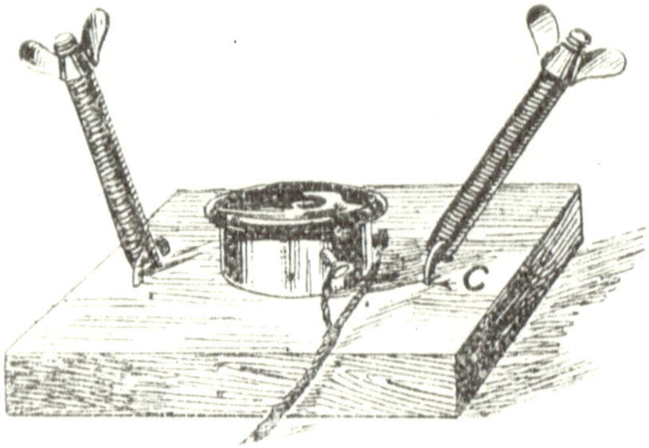

Écouteur placé sur le socle et tiges filetées articulées sur crochets C.

Le carton est découpé suivant la forme indiquée par le croquis, la longueur de la plus grande arête étant environ de 40 cm à 50 cm. On enroule ensuite ce carton et on obtient alors un tronc de cône dont la grande base n'est pas perpendiculaire à l'axe du cône mais représente une section oblique. Il est facile de parfaire ce travail aux ciseaux de manière à obtenir un cornet d'aspect convenable.

Pour maintenir les deux bords du cône l'un contre l'autre, on emploie des agrafes qui pourront être constituées par de petits fils métalliques comme ceux que l'on emploie pour le brochage des revues, par exemple. On pourra utiliser également des agrafes qui servent à relier des feuilles volantes ou tout autre dispositif du même genre.

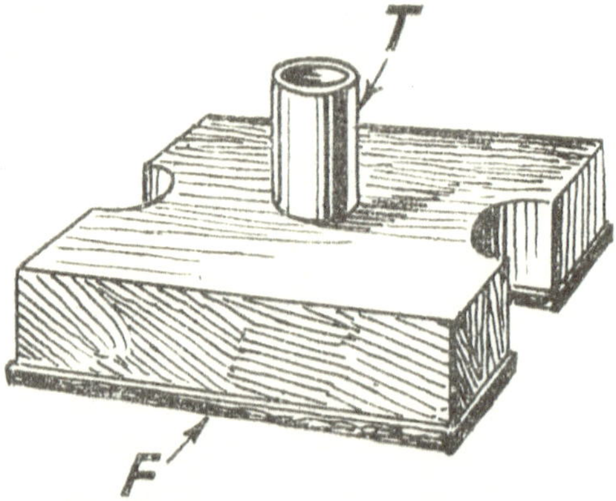

Couvercle en bois garni de feutre F et portant un tube T.

Si on le désire, on pourra maintenir le joint en collant une petite bande d'étoffe tout le long de l'arête. Le support du cornet est obtenu au moyen d'un tube métallique dont le diamètre intérieur permettra d'enfoncer solidement le cornet et de le maintenir. Ce tube est emmanché dans une plaquette de bois de 1 cm d'épaisseur et dont les dimensions seront de 10 cm de longueur sur 4 à 5 cm de large. Sous cette planchette on colle un morceau de drap épais ou de feutre portant au centre une ouverture afin que les sons puissent passer pour se rendre dans le cornet. Ce feutre permet d'appliquer l'ensemble du cornet et son support sur le pavillon de l'écouteur, sans qu'il soit nécessaire de démonter le pavillon au moment de l'emploi en haut-parleur.

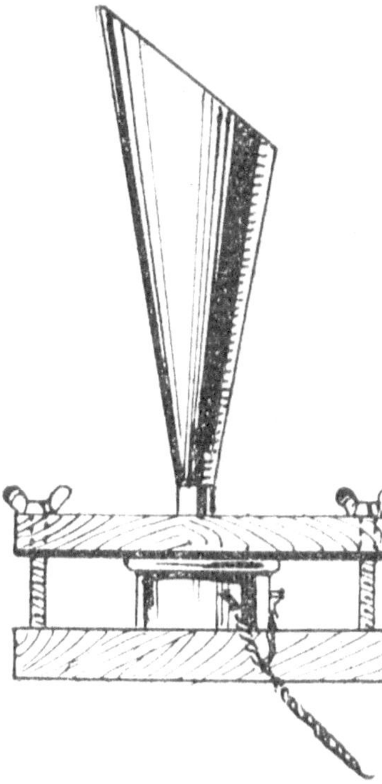

Aspect de l'écouteur ordinaire agencé en haut-parleur.

Le socle de l'appareil est formé d'une planche de bois assez épaisse (deux centimètres environ) dont les dimensions en longueur et en largeur seront suffisantes pour que l'appareil puisse se tenir vertical et éviter tout renversement. On prendra, par exemple, 15 cm de longueur et 10 cm de largeur. Sur ce socle on fixera deux tiges filetées en laiton ou en acier à l'extrémité desquelles on aura percé un trou avec une petite perceuse à main. Dans ce trou on enfonce des crochets en forme de U que l'on utilise pour la fixation des conducteurs sur les murs. De cette façon, la tige filetée peut pivoter autour du crochet et faciliter la mise en place du support du pavillon, pour rentrer ensuite dans les encoches préparées de chaque côté de la plaquette supérieure, comme le croquis F indique.

Naturellement les deux tiges filetées seront placées à un écartement, tel qu'elles correspondent à la distance des deux encoches et qu'elles laissent l'écartement nécessaire à la mise en place de l'écouteur. Chaque tige filetée comportera un écrou qui sera de préférence un écrou à oreilles pour éviter l'emploi d'une clé de serrage au moment du montage de l'appareil.

Il suffira donc de placer l'écouteur sur le socle de bois et on disposera sur cet écouteur la plaquette supérieure munie du pavillon.

On bascule les tiges filetées de manière à les faire rentrer dans les encoches et on serre les écrous pour assujettir solidement la plaque supérieure et le pavillon sur l'écouteur. On obtient alors un haut-parleur qui n'est pas évidemment aussi parfait que les haut-parleurs véritables que l'on trouve dans le commerce, mais qui pourra néanmoins être d'un fonctionnement suffisant pour l'amateur qui trouvera ainsi le moyen d'utiliser un écouteur ordinaire et de faire entendre à plusieurs de ses amis toutes les auditions que son poste lui permet de recevoir.

## Haut-parleur parabolique

Voici un petit dispositif également très intéressant qui a été indiqué souvent et qui est des plus faciles à réaliser.

Ce haut-parleur prévoit l'utilisation d'un réflecteur parabolique qui est employé dans certains radiateurs électriques. Il est évident, que ce genre d'appareil restant inutilisé pendant la saison chaude, il paraît logique de transformer l'appareil de chauffage en système de haut-parleur.

Il suffit d'enlever la porcelaine supportant le fil de chauffage ainsi que l'armature de protection. Prenez un bon téléphone à membrane réglable, si possible, auquel vous adaptez un petit cornet en carton mince, qu'il est facile de fabriquer avec un peu de colle et beaucoup de doigté, et montez le haut-parleur minuscule à l'aide d'une armature de fils de cuivre à la place de la porcelaine, le cornet étant dirigé vers l'intérieur du miroir. Le point délicat est de le fixer au foyer, c'est-à-dire à l'endroit où tous les rayons sonores ou lumineux allant heurter le miroir sont renvoyés parallèlement à l'axe central ; c'est une simple question de mise au point.

Vous obtenez ainsi un haut-parleur d'un bon rendement et d'un effet gracieux, pouvant être orienté à volonté. Une fois les premiers frimas revenus, il vous sera facile de le transformer à nouveau en radiateur.

## Autres montages spéciaux

Lorsqu'il s'agit d'auditions publiques et d'une assistance très nombreuse, il faut recourir à des appareils très étudiés. Le type de ces appareils, le meilleur de beaucoup, est le haut-parleur Gaumont. Cette nécessité d'auditions publiques n'intéressera le lecteur que rarement, la plupart du temps il lui suffira de faire écouter le concert à une classe d'élèves, dans ce cas, il pourra disposer facilement un cornet sur l'écouteur de 2.000 ou 4.000 ohms qu'il possédera.

Le moyen le plus simple consiste à utiliser une poire en caoutchouc que l'on choisira de diamètre correspondant à celui de l'écouteur ; cette poire sera coupée par le milieu de façon qu'elle puisse venir coiffer l'écouteur. Une poire de bicyclette fera parfaitement l'affaire et l'emploi de la poire de bicyclette ou d'automobile a ceci d'intéressant, qu'on peut conserver sur la poire le système acoustique qui amplifie les sons dans des proportions parfois suffisantes.

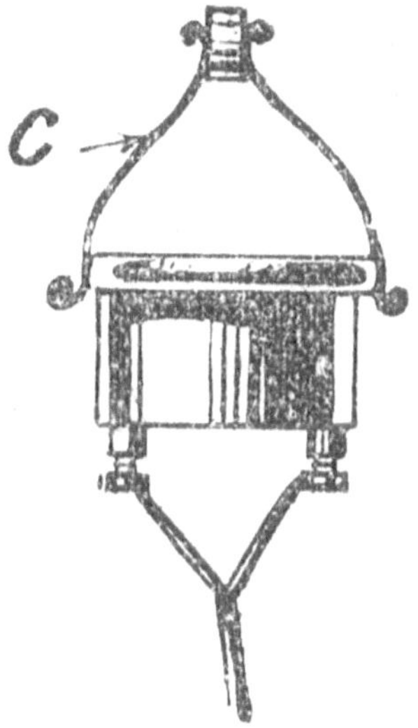


Écouteur sur lequel est montée une demi-poire en caoutchouc C.

Haut parleur constitué par un écouteur monté sur un bras de phonographe.

Il est assez facile de remplacer le cornet avertisseur de la trompe par un cornet plus important que l'on réalisera avec une feuille de tôle roulée et soudée ainsi que le montre la figure. On peut employer également un pavillon de phonographe qui donnera de bons résultats, et lorsqu'on dispose d'un phonographe sans pavillon, on placera le récepteur au moyen d'un anneau caoutchouc ou d'une 1/2 poire à l'extrémité du tube où l'on monte d'habitude le système de l'aiguille ou du sa-

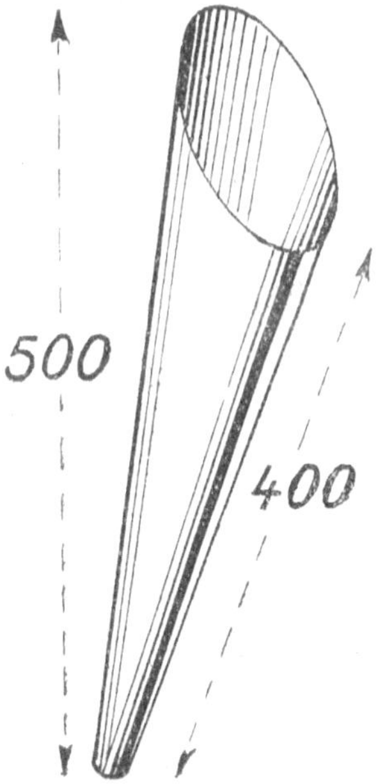


Cornet en carton roulé et agrafé.

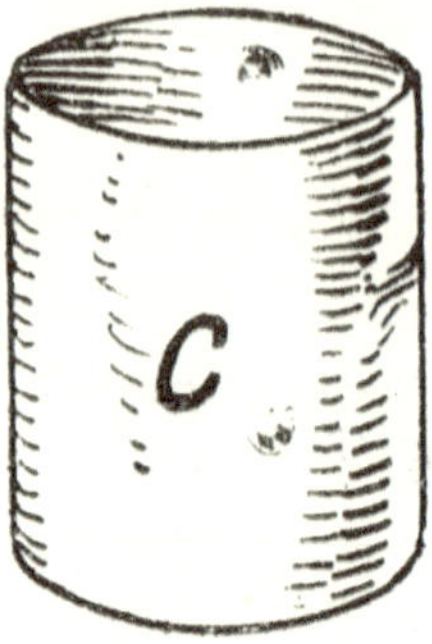


Morceau de chambre à air qui fait une bonne liaison du cornet et du tube.

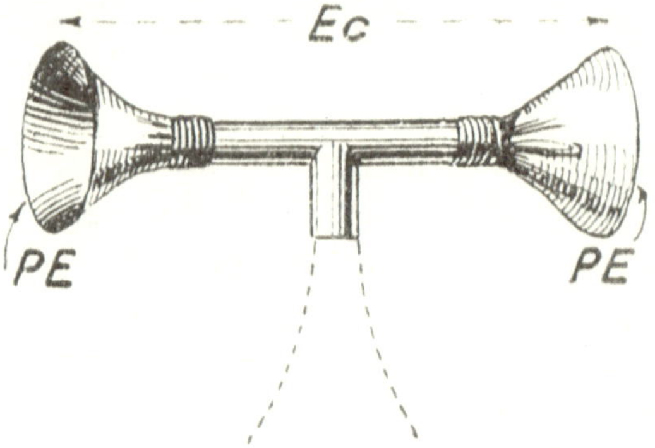


Montage de deux écouteurs sur un montage en T, Ec, qui porte deux demi-poires en caoutchouc PE.

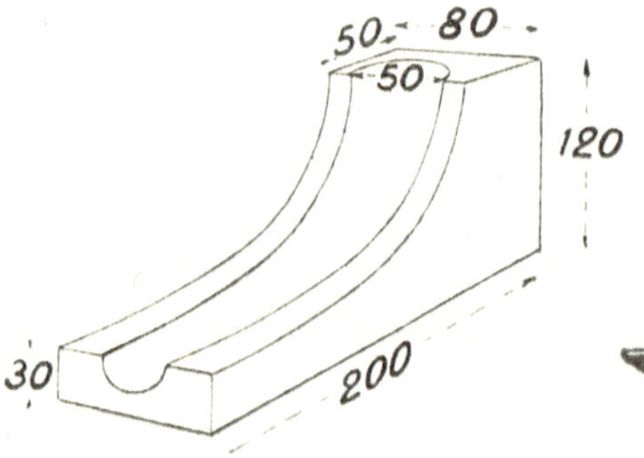


Partie en bois creusée servant de base au haut-parleur.

phir. On obtiendra alors dans ces différents cas des émissions publiques plus ou moins fortes avec un seul écouteur.

Si l'on dispose de deux écouteurs montés sur un casque, comme c'est le cas le plus général, on peut réaliser un montage simple avec un raccord de tube en T, en plaçant à chaque extrémité soit une 1/2 poire en caoutchouc comme nous l'avons fait précédemment, soit simplement un morceau de chambre à air d'un diamètre correspondant à celui d'un écouteur. L'autre extrémité sera assujettie sur le tube en serrant un cordonnet à spires jointives.

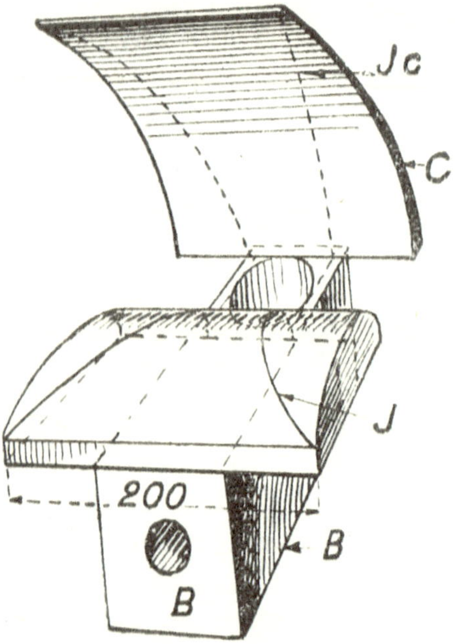


Montage sur le massif bois B.
*Un fond C en carton ou un placage, en J et en Jc, emplacement des joues.*

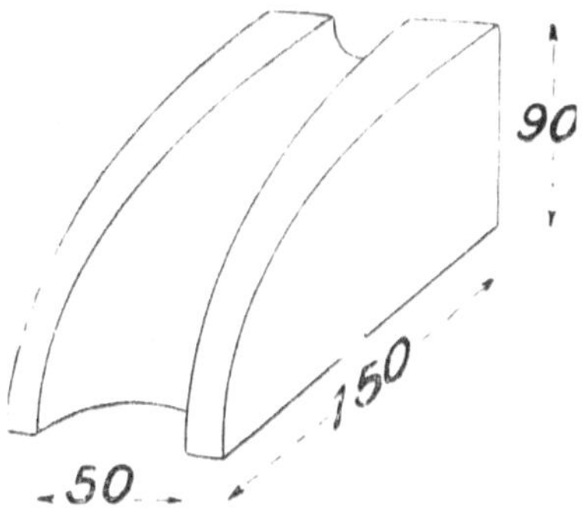

Partie supérieure se plaçant sur la pièce de la figure page précédente.

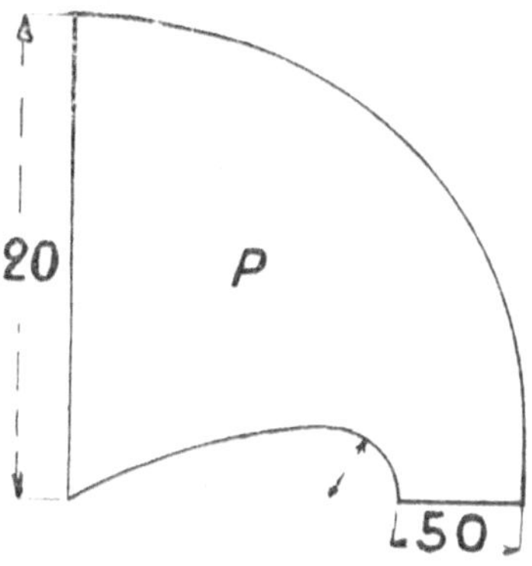

Plan d'une joue P.

Dans le tube qui forme T, on branchera le pavillon de forme quelconque que l'on possède ou que l'on construit. Pour éviter les vibrations du pavillon un bon moyen consiste à le recouvrir sur la surface intérieure d'un vernis à, la gomme-laque, dans lequel on aura incorporé de la fine poussière de liège. Une épaisseur de 1 mm de ce vernis empêche souvent les vibrations métalliques désagréables.

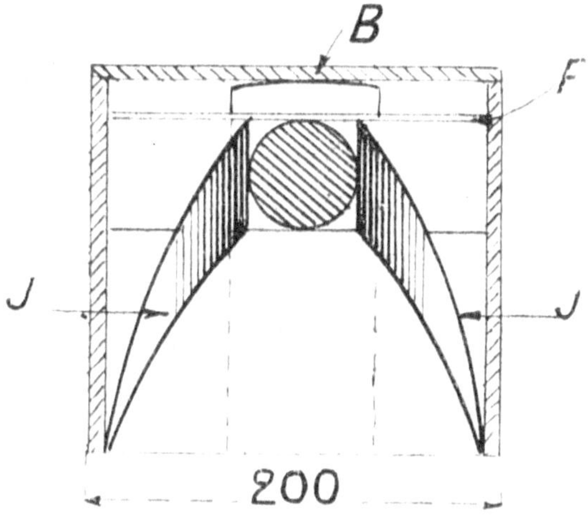

Vue en plan du haut-parleur montrant la boîte extérieure B. *Les joues J et le fond en carton F.*

On peut fabriquer si l'on est un peu habile dans le travail du bois, une sorte de caisse, dont nous donnons les croquis d'exécution, sur laquelle on pourra monter soit l'écouteur, soit le casque avec ses tubulures en T.

Dans cette caisse on place un socle en deux parties creusées d'un conduit qui s'évase dans l'intérieur de la caisse. À la partie supérieure on monte une pièce en bois ayant la forme indiquée et dans le fond on fixe une feuille de carton très épais, même une feuille mince de bois analogue à celle qui sert pour les placages.

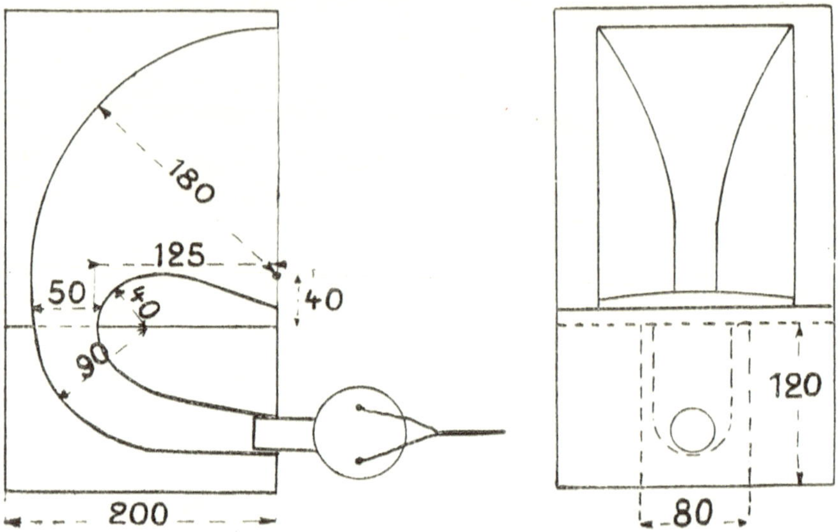


À gauche, coupe du haut-parleur indiquant les côtes des pièces. À droite, vue de face.

Les côtés du pavillon ainsi formés seront réalisés par des joues taillées dans du carton épais et correspondant, à l'emplacement indiqué. Tout cet ensemble sera assujetti dans une caissette en bois clouée à laquelle on pourra donner un aspect plus séduisant par un vernissage au pinceau.

Ce haut-parleur résonateur donne de bons résultats, aussi parfaits que le meilleur des modèles que l'on trouve sur le marché.

# - XVI -

# Réception de radio-concerts

## À Paris et en Banlieue

Quand on veut se contenter de recevoir les émissions radio-téléphoniques parisiennes : Tour Eiffel, P. T. T., Radiola, on comprend facilement qu'avec une antenne, une prise de terre, un récepteur, les curseurs sur la bobine d'accord s'arrêteront toujours aux mêmes positions, correspondant chacune à l'un des concerts que l'on reçoit. On est donc amené à penser que pour chaque concert, il suffit de posséder une bobine d'un nombre de tours bien connu à l'avance de sorte qu'avec une série de trois bobines, on pourra immédiatement, en remplaçant une bobine par une autre, s'accorder tout de suite pour un radio-concert différent.

Ceci est très intéressant, surtout lorsqu'il s'agit des réceptions à Paris ou dans sa banlieue. On peut se contenter alors d'une antenne constituée par deux fils de cuivre de 15 à 16 mètres de longueur, tendus au-dessus d'une cour ou d'un jardin, au-dessus du toit, et isolée le plus convenablement possible.

On peut aussi installer une antenne intérieure qui sera formée de fil disposé en zigzag à 20 cm du plafond et en utilisant environ 30 à 40 mètres de fil.

Toutes les autres dispositions d'antenne constituées, par exemple, par un réseau d'éclairage, même aérien, par une conduite de gaz, etc., ne sont que des moyens de fortune qui peuvent évidemment donner satisfaction, mais dans des cas spéciaux.

Ces mêmes remarques s'appliquent aux antennes constituées par un lit métallique, par une rampe de balcon, etc.

Pour déterminer la longueur des bobines qu'il faut employer pour chaque poste émetteur, on prend un tube de carton (qui peut être d'ailleurs quelconque, sans craindre aucune déformation ultérieure) ayant 6 cm de diamètre.

On enroule un nombre de tours jointifs en fil de cuivre analogue à celui que l'on utilise pour les installations de sonneries domestiques.

Plus la longueur d'onde du poste à recevoir est élevée, plus il faudra de tours de fil. C'est ainsi qu'en général, pour les P. T. T., la bobine n'aura pas 10 cm de longueur : au contraire, elle sera presque double pour la Tour Eiffel.

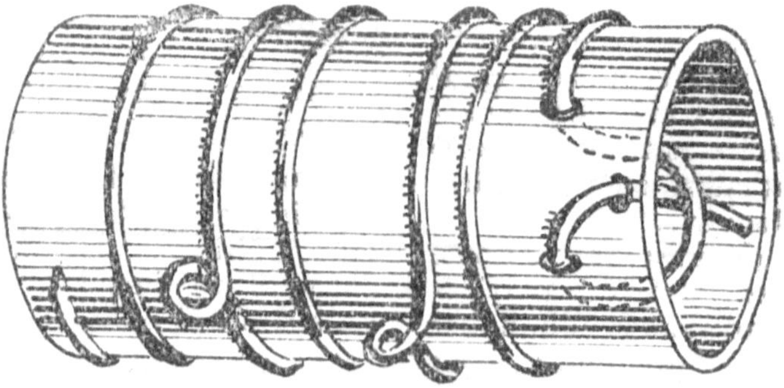

Manière de faire une bobine avec des boucles pour prises de connexions.

Pour connaître la mesure du bobinage, on enroule tous les deux ou trois tours de fil, ce dernier sur lui-même, de façon à former une boucle permettant une prise de courant lorsqu'on a enlevé l'isolant du fil à l'endroit praticable. On peut donc par tâtonnements relier un récepteur, une antenne, une prise de terre, en prenant un nombre variable de tours de fil sur la bobine, et on arrive ainsi à connaître pour quel nombre de tours l'audition est la meilleure.

Lorsqu'on a trouvé cette valeur, on peut alors refaire la bobine en supprimant les tours qui étaient en excès, mais en disposant néanmoins quelques boucles au voisinage immédiat du nombre de tours de fil trouvé, de manière à pouvoir corriger au besoin, pour avoir le résultat optimum d'audition.

On a avantage à employer ainsi une bobine spéciale pour chaque poste, car il faut bien considérer que lorsque sur une bobine on ne met en circuit qu'une certaine quantité de fil, les tours inutilisés qui constituent le *bout mort* agissent, en affaiblissant la réception.

De plus, les bobines séparées n'ayant pas besoin de curseur, peuvent être exécutées d'une façon plus quelconque, car on n'a plus à assurer la non déformation du tube carton, ni à dénuder l'enroulement suivant une génératrice.

Néanmoins, ce sera une bonne précaution de fixer sur chaque tube en carton deux morceaux de bois carrés à chaque extrémité, qui formeront support pour le bobinage. On a alors une installation très simple qui, pour Paris et la banlieue immédiate, donne des résultats intéressants et cela pour un prix modique.

## Concerts des P. T. T.

L'École supérieure des Postes Télégraphes de Paris émet assez régulièrement des concerts dont la netteté est remarquable et dépasse de beaucoup celle des autres émissions.

Ce poste est intéressant car certains jours de la semaine, il ne se contente pas de faire entendre des artistes quelconques, mais il permet d'assister à une représentation complète d'Opéra, à des auditions musicales telles que celles de la salle Gaveau, imitant ainsi ce qui se fait couramment à Londres.

La longueur d'onde de ce poste est de 450 mètres et il est particulièrement intéressant d'indiquer comment on peut s'équiper pour recevoir les auditions, les règles étant du même ordre s'il s'agit de recevoir des postes anglais qui transmettent également des auditions théâtrales. La seule différence proviendra de l'éloignement supérieur les habitants du Nord et du Nord-Ouest étant particulièrement bien placés pour recevoir les auditions anglaises sur ondes courtes.

Nous nous inspirons, pour donner toutes ces indications, d'études excellentes parues dans les Annales des listes et Télégraphes.

La réception des ondes courtes exige un très grand soin dans le montage ; il faut éviter toutes les capacités parasites, soit dans les lampes, soit dans les conducteurs et réduire au minimum les pertes d'énergie.

Il faut éviter de réaliser des coudes brusques des conducteurs, bien soigner l'isolement par rapport au sol, et employer de préférence l'amplificateur avec transformateur plutôt que l'amplificateur à résistance dont nous n'avons d'ailleurs pas indiqué la construction dans cet ouvrage.

### Antenne

Il ne faut pas dépasser 50 mètres de longueur, et la forme qui semble donner les meilleurs résultats est l'antenne en cage dont nous avons parlé précédemment.

L'antenne devra être immobile le plus possible, car si la nappe de fils se balance, la capacité électrique par rapport au sol se trouve varier, et elle provoque un changement de longueur d'onde dans l'antenne.

### Cadre

Il faut un cadre ayant une faible résistance ohmique, et il faut diminuer le plus possible la capacité en éloignant les spires les unes des autres.

On prendra une forme carrée ou hexagonale de 1 m. 20 de côté environ, portant 5 spires espacées de 5 à 7 cm.

### Prise de terre

Une canalisation d'eau est excellente dans les villes. À la campagne, on enfouit des feuilles de zinc ou de fer comme nous l'avons déjà dit. Si le sol est rocheux et s'il est difficile d'y enfouir de grandes pièces métalliques, on place sous l'antenne ce qu'on appelle un contrepoids, c'est-à-dire une série de conducteurs isolés du sol. Ce réseau ainsi constitué, on le place à une hauteur de trois ou quatre mètres, mais il en résulte forcément une dépense appréciable.

### Dispositif simplifié

Beaucoup d'appareils qui ont été prévus pour des ondes plus longues exigent souvent des modifications pour permettre la réception des concerts des P. T. T. Cependant cette réception n'est pas difficile, surtout quand on s'adresse à des amateurs qui habitent Paris ou la banlieue immédiate, car il est possible alors de brancher un dispositif très simple, soit entre une canalisation d'eau et de gaz, à condition que ces conduites ne soient pas très rapprochées l'une de l'autre soit, dans des conditions meilleures encore, sur le réseau de distribution électrique comme antenne et sur le tuyau de distribution d'eau comme prise de terre.

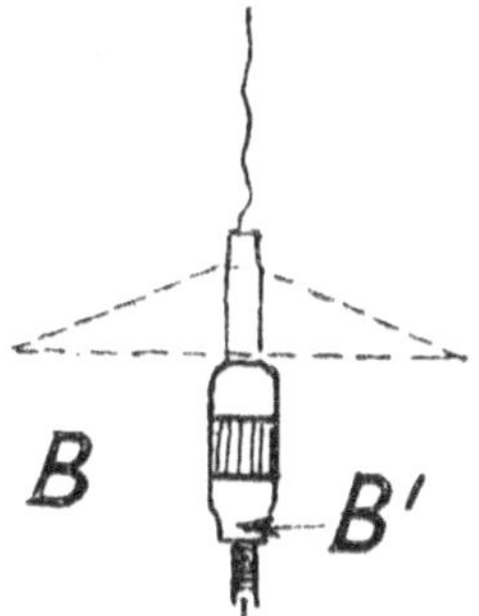


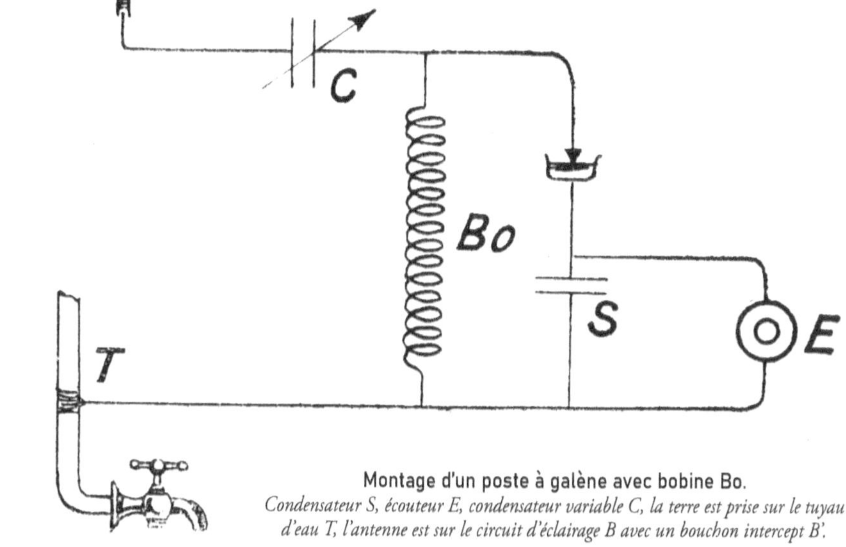


**Montage d'un poste à galène avec bobine Bo.**
*Condensateur S, écouteur E, condensateur variable C, la terre est prise sur le tuyau d'eau T, l'antenne est sur le circuit d'éclairage B avec un bouchon intercept B'.*

Dans le cas où l'on dispose d'un réseau d'éclairage électrique l'installation est des plus simples. Il suffit de se procurer un bouchon intercept que l'on fixe à la place d'une lampe à incandescence dans une prise de courant. Ce bouchon intercept contient des condensateurs d'arrêt qui permettent d'éviter tout accident au cours du fonctionnement.

Pour obtenir un accord plus parfait, il est préférable de monter un condensateur variable qui sera très bien assemblé afin d'éviter que l'on puisse mettre le réseau à la terre.

Ce condensateur variable permet de supprimer le bouchon intercept mais il n'y a aucun inconvénient à laisser subsister ce bouchon, la variation de la capacité du deuxième condensateur permettant de varier la valeur de la capacité jusqu'à ce qu'on obtienne une audition maximum. Il suffit alors de brancher entre ce conducteur et une prise de terre constituée par un tuyau de distribution d'eau, un détecteur à galène ordinaire et un écouteur téléphonique dont la résistance sera de 500 ohms, de préférence. Cet écouteur sera monté avec un petit condensateur en dérivation sur ses bornes, et l'on trouve ce genre de condensateur dans le commerce sous la forme d'organe peu encombrant facile à installer.

L'utilisation des fils d'éclairage comme antenne a parfois l'inconvénient d'occasionner dans le récepteur ce qu'on appelle de la friture, qui est due au passage du courant d'éclairage.

On peut éviter cet inconvénient, en branchant en dérivation sur le détecteur et l'écouteur, c'est-à-dire entre la broche de sortie du condensateur et la prise de terre une bobine de self qu'il est facile de construire.

Cette bobine est formée d'un tube en carton dont le diamètre sera de 10 cm environ, sur lequel on enroulera du fil de 5 dixièmes de millimètre. Il est préférable d'utiliser du fil dont l'épaisseur d'isolement soit faible, par exemple du fil sous soie ou du fil émaillé. On disposera sur la bobine environ 180 tours de fils à spires jointives et en une seule couche.

Comme cette bobine ne doit pas comporter de curseur devant se déplacer sur le bobinage, il n'est pas nécessaire de recourir aux précautions habituelles pour la fabrication des bobines à curseur, c'est-à-dire de gomme-laquer le carton ou de l'étuver d'une façon parfaite. Néanmoins, ce sera une bonne précaution de traiter la carcasse de la bobine de cette manière, car il est indispensable pour recevoir des émissions d'ondes courtes, d'avoir toujours un très bon isolement des appareils. Il est évident qu'un vernis à la gomme-laque assure une précaution meilleure pour l'isolement du bobinage.

Cette bobine s'oppose au passage de courants de haute fréquence et, au contraire, elle laisse passer des courants de fréquence moindre qui peuvent provenir du courant lumière.

Par suite, des courants de haute fréquence qui proviennent des émissions de T. S. F. seront tous obligés de passer par le détecteur à l'exclusion des courants du secteur qui trouveront un chemin plus facile par la bobine.

Il est assez difficile d'affirmer à tous que ce montage leur donnera des résultats parfaits. Ce n'est que l'expérience qui seule peut indiquer ce que l'on peut obtenir suivant la disposition des lieux et suivant l'installation du réseau de lumière dans chaque cas. Mais, en tout cas, ces expériences sont faciles à faire, elles n'exigent pas une trop grande dépense et il sera intéressant pour l'amateur de chercher à obtenir avec ce minimum d'organes, une audition suffisante pour la réception des ondes courtes dans la région parisienne et dans la banlieue spécialement pour les concerts de l'École supérieure des Postes et Télégraphes.

Il ne faut pas songer bien entendu à obtenir une réception sur appareil haut-parleur. Néanmoins, dans certains cas, si l'on dispose d'un très bon écouteur, on pourra avoir une audition perceptible à une petite distance de l'écouteur sans qu'il soit nécessaire de le maintenir à l'oreille. On peut renforcer le son en plaçant l'écouteur sur une boîte creuse qui pourra jouer le rôle de résonateur.

## Réception en Province

Il faut étudier suivant la distance des dispositions diverses.

### Réception sur galène et sur antenne

On peut employer le montage en Oudin ou le montage en Tesla pour lesquels nous avons donné le moyen de construire un poste. Le deuxième montage est préférable.

Il est recommandé de disposer en série sur l'antenne un condensateur variable qui a pour effet de réduire la longueur d'onde de l'antenne et de l'accorder mieux avec le poste émetteur.

À titre d'exemple, un poste de ce genre, à 350 kilomètres de Paris, a reçu parfaitement les concerts des Postes et Télégraphes au casque écouteur, avec une antenne de 42 mètres de longueur placée à 10 mètres du sol.

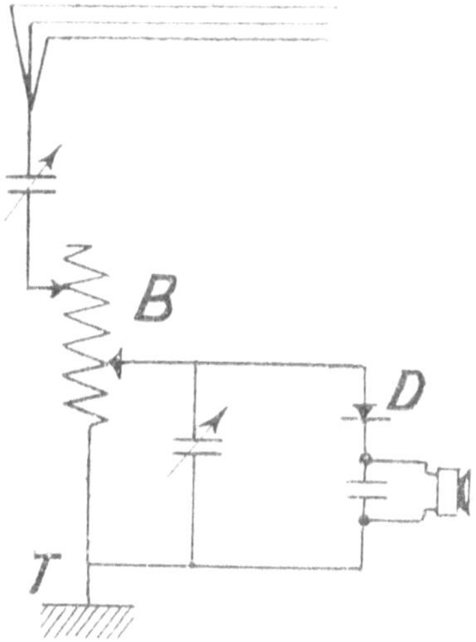

Montage en Oudin.
*B, bobine ; D, détecteur ; T, terre.*

### Réception sur galène sur cadre

On sait que le cadre doit être orienté par rapport à l'émission à recevoir, le plan du cadre doit être dans le plan méridien de la station. On raccorde en essayant les capacités variables jusqu'à ce qu'on obtienne un son maximum. Le condensateur variable aura 5/1000 de microfarad. Les dimensions du cadre ont été indiquées précédemment. À Paris on peut

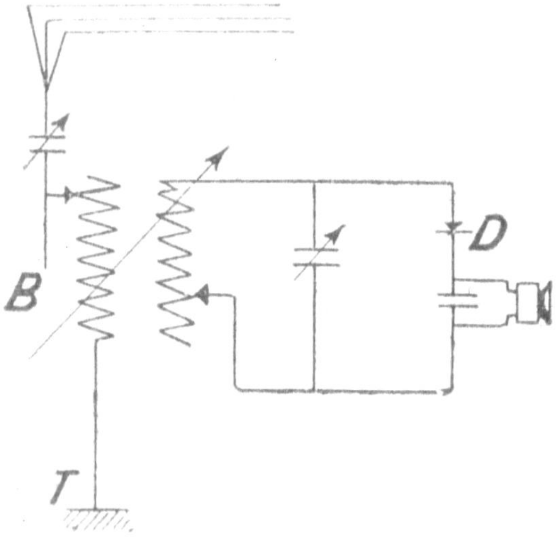


Montage en Tesla.
*B, bobines ; D, détecteur ; T, terre.*

se contenter d'un cadre de 80 cm avec 5 spires espacées de 5 cm, et d'une capacité ½ à 2/1000 microfarads.

## Réception sur galène sans antenne

Dans certaines conditions favorables cette réception est possible en branchant un détecteur et un récepteur entre une canalisation d'eau et de gaz, à condition que ces conduites soient suffisamment éloignées l'une de l'autre. On peut prendre aussi comme antenne les fils du circuit d'éclairage avec les deux conducteurs, de préférence près du compteur. Il faut interposer alors entre les fils et chaque conducteur un petit condensateur fixe constitué par quelques feuilles d'étain, et nous avons indiqué la manière de construire ce condensateur.

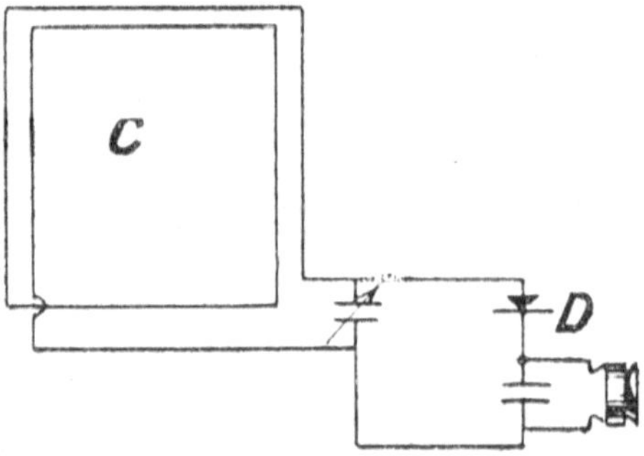


Montage du détecteur D sur cadre C.

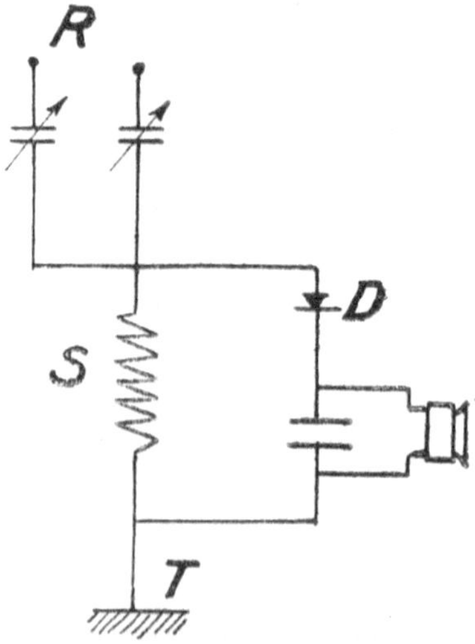


Montage d'une self S et d'un détecteur D entre la terre T et les deux fils du réseau R par l'intermédiaire de deux condensateurs près du compteur.

Souvent le courant électrique industriel occasionne une friture et pour la supprimer on établira en dérivation sur le détecteur et l'écouteur une bobine de self formée d'un tube de carton de 10 cm de diamètre, sur laquelle on enroule du fil isolé de 5/10 de mm, le bobinage ayant une longueur de 88 mm. Tous ces montages simples sont surtout une question d'expérience et on ne peut que conseiller de faire un essai pour voir ce que l'on peut obtenir, sans rien affirmer à l'avance.

## Réception sur lampes et sur antenne

L'utilisation des lampes augmente considérablement la puissance d'un poste récepteur. Il y a différents montages que des amateurs ont imaginés et nous allons en examiner quelques-uns ayant donné satisfaction à l'opérateur.

### Montage de réaction

On a une self d'antenne qui se trouve couplée à une self de grille ; une troisième self dite de réaction dans le circuit de plaque de la lampe, et les enroulements sont du type en nids d'abeilles et ils ont respectivement 100 spires pour la self d'antenne, 50 pour celle de grille, et 150 pour la réaction.

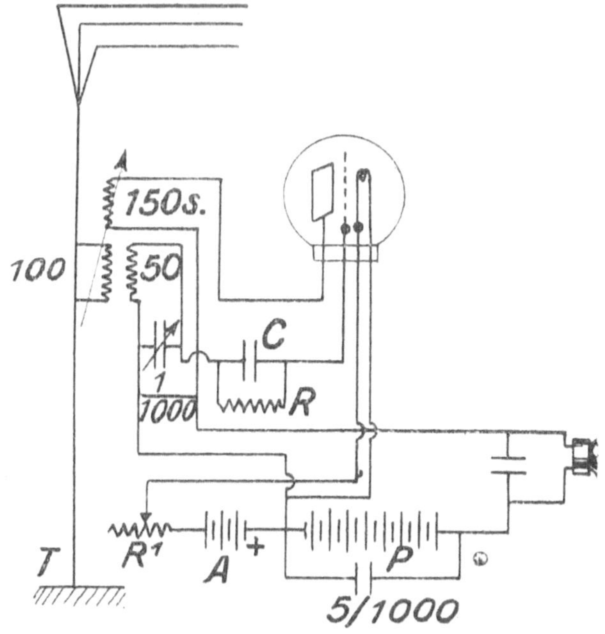


Montage de réaction.
*A. accumulateurs ; P, pile ; T, terre ; C, condensateur ; R, résistance ; R', rhéostat.*

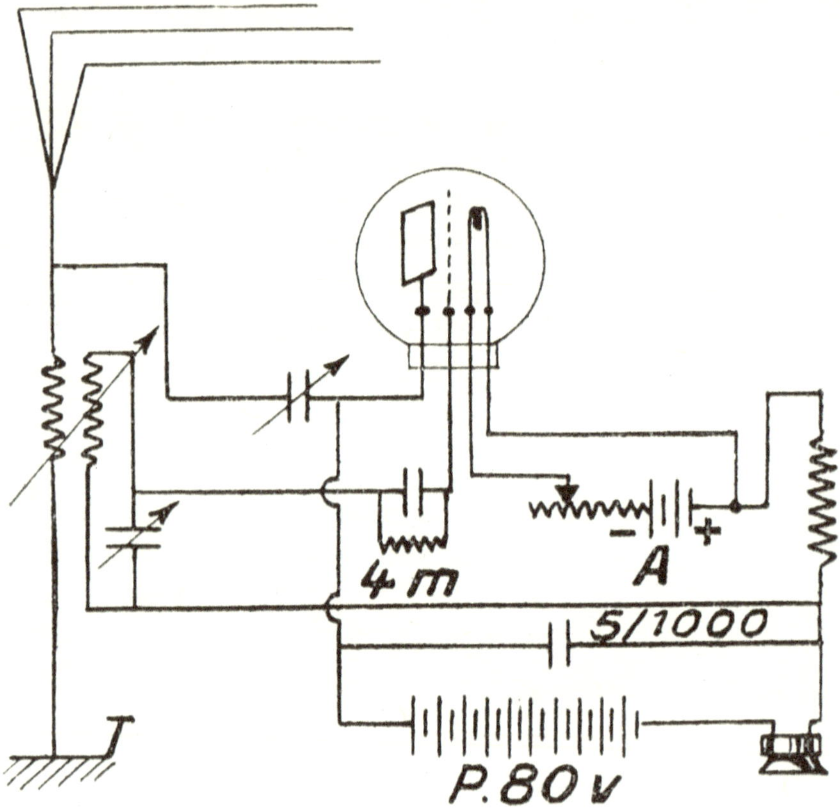


**Couplage par condensateurs.**
*A, accumulateurs ; P, pile ; 4 m, résistance ; T, terre.*

En manœuvrant ces bobinages on cherche à approcher de la meilleure solution, on écoute ce que l'on entend dans le récepteur et on couple les trois selfs d'une manière serrée jusqu'à faire hurler l'appareil. À ce moment, on découple lentement la self de grille jusqu'à obtenir une parole nette ; on opère de la même façon sur la self de plaque pour augmenter la netteté en prenant soin de ne pas découpler de trop, sinon l'amplification obtenue serait très faible.

Il faut régler également le chauffage du filament pour améliorer la capacité de la réception.

Pour obtenir la réception on emploie un petit condensateur et une résistance de 4.000 ohms à graphite, dont nous avons indiqué la construction dans un précédent chapitre.

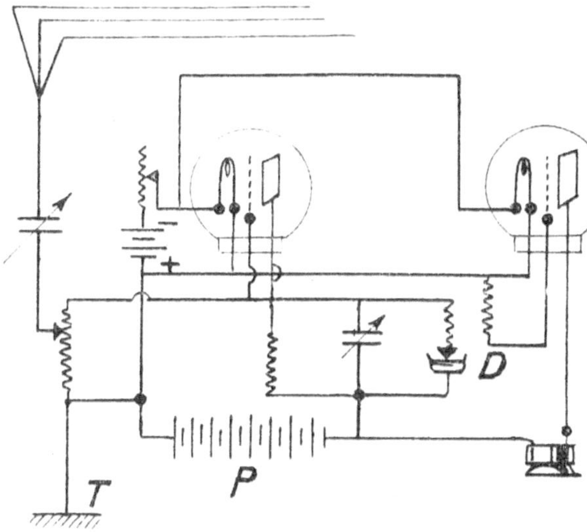


Montage à deux lampes : une haute fréquence, une basse fréquence et une galène D.
*P, piles ; T, terre.*

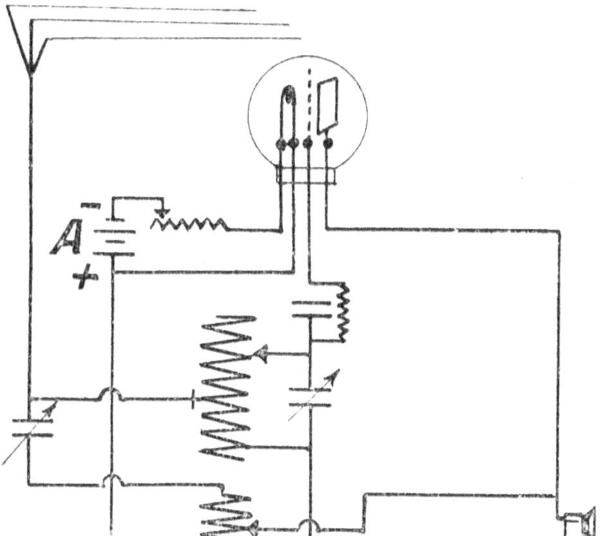


Montage Reinartz.
*À, accumulateurs ; P, piles.*

Sur une antenne intérieure de 2 mètres, à Paris, on entend la musique et la parole à plus de 20 cm de l'écouteur.

À Dijon, ce montage avec une antenne extérieure de 10 mètres marche en haut-parleur.

Une autre disposition réalise le couplage au moyen de condensateurs et on obtient aussi de bons résultats.

À Grenoble avec deux lampes, une antenne de 10 mètres à un seul fil placée à 5 mètres du sol, un amateur reçoit le concert des Postes Télégraphes Téléphones, à 50 cm de l'écouteur.

Une lampe à haute fréquence est suivie d'une lampe à basse fréquence ; la détection est obtenue au moyen d'un cristal à galène qui est en série dans le primaire du transformateur de liaison. Ce transformateur de liaison est constitué par deux enroulements qui sont superposés sur la même bobine sans noyau de fer, contrairement aux transformateurs à basse fréquence dont nous avons parlé.

La bobine a environ 5 cm de longueur, l'enroulement primaire prend 15 à 20 couches de spires jointives de fil de cuivre isolé de 10 à $^{12}/_{100}$. On sépare chaque couche de la couche suivante par une feuille de papier trempée dans la paraffine.

Lorsque l'enroulement primaire est fini, on le recouvre de tresse paraffinée sous deux ou trois couches. Le secondaire est constitué par 30 à 36 couches du même fil également à spires jointives et à couches isolées comme les précédentes par du papier paraffiné. Finalement on recouvre la bobine d'une tresse paraffinée ou d'une gaine de cuir pour protéger les enroulements.

Un amateur a utilisé à Marseille le même montage avec une antenne de 35 mètres et un condensateur de 0,25/1000 de microfarad.

Quand on peut établir une très grande antenne on reçoit facilement les grandes longueurs d'onde, mais il est difficile de recevoir les petites ; on emploie alors le montage spécial dû à un Américain, Reinartz, conçu de telle sorte qu'il n'est pas indispensable pour chaque longueur d'onde d'écarter l'antenne de son couplage. Il suffit de provoquer l'accord en manœuvrant le condensateur et la self de réaction. On écarte ensuite le circuit de grille et on obtient une réception très pure, parfois faible, fréquemment gênée par les parasites.

Ce montage a été indiqué tout récemment. Il peut rendre de grands services lorsqu'un poste dispose d'une très grande antenne afin de recevoir les postes très éloignés sur ondes très longues, et c'est pourquoi nous avons tenu à le signaler.

## Réception sur cadre

Quand il est difficile d'utiliser une antenne extérieure, on est obligé d'avoir recours au cadre et ceci est fréquent dans les villes, mais alors, en raison de la difficulté du bobinage, des petites puissances utilisées pour transmettre la téléphonie, on a une difficulté de réception assez grande ; néanmoins certains amateurs ont pu recevoir des postes anglais sur cadre intérieur à Paris et dans le Nord-Est.

La disposition employée est celle que représente le schéma. Le cadre a des dimensions de 4 mètres sur 2 m. 50 et ne comporte qu'une seule spire. Le poste a 3 lampes et la self réglable test est constituée par deux cadres qui peuvent pivoter sur un axe commun et s'orienter différemment l'un par rapport à l'autre.

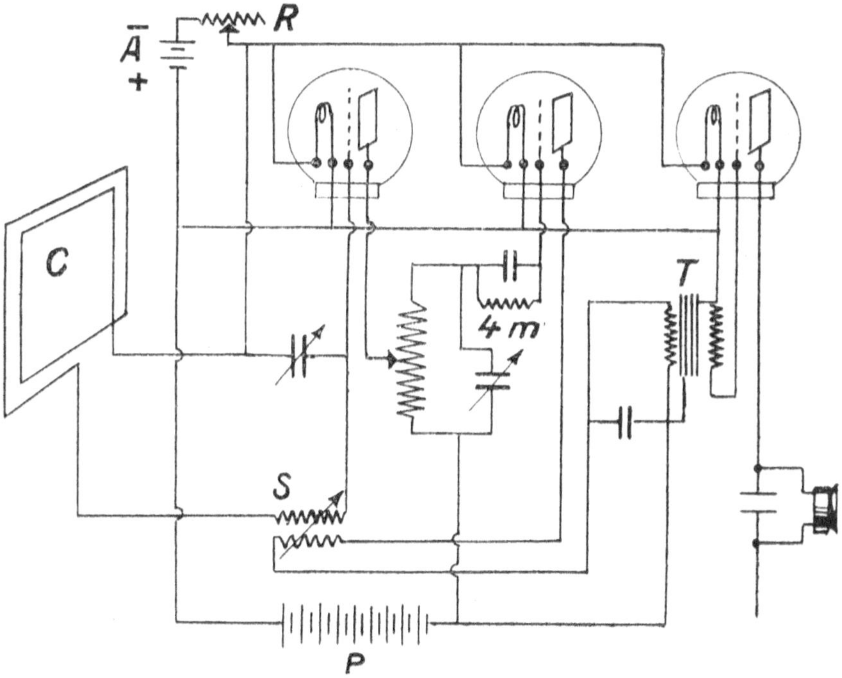


Montage à trois lampes sur cadre : une haute fréquence, une détectrice au milieu et une basse fréquence ensuite.
*C, cadre ; A, accumulateurs ; S, couplage ; T, transformateur ; R, rhéostat ; P, piles (l'écouteur doit être relié à la pile P.*

Le montage le meilleur actuellement est celui qu'on connaît sous le nom de « Super-Hétérodyne » qui est dû à Lévy, l'un de nos constructeurs les plus compétents en matière de T. S. F. Il est assez curieux de signaler qu'Armstrong en Amérique, a fait breveter à la même époque un dispositif du même genre.

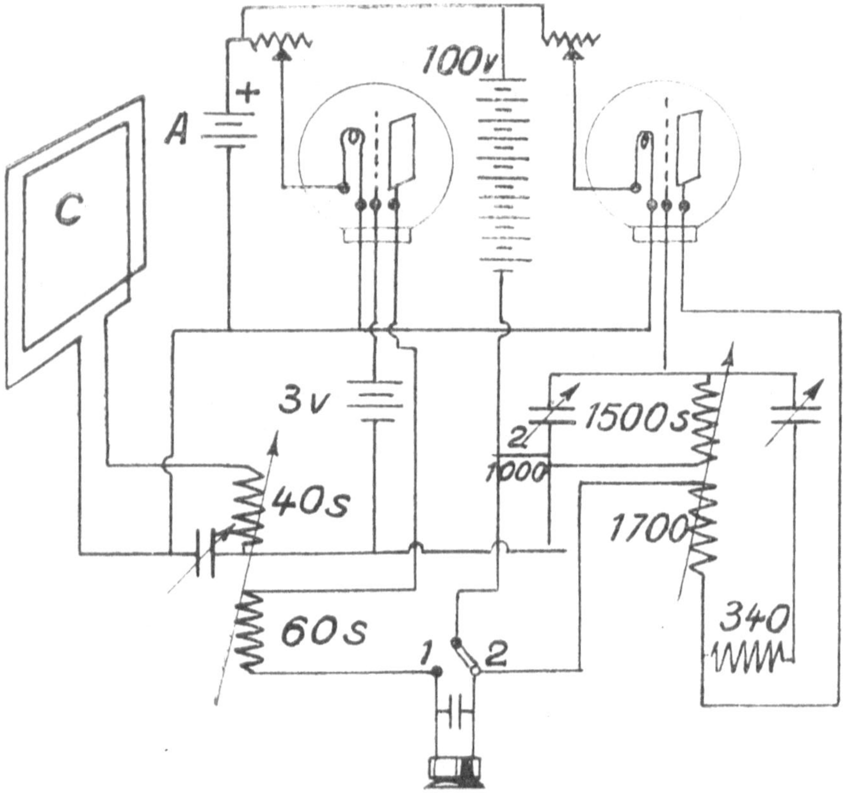


**Montage genre super-hétérodyne sur cadre C.**
*À, accumulateurs. Les tours du bobinage sont indiqués sur les enroulements.*

Il est délicat pour un amateur de réaliser ce montage qui consiste à changer la fréquence des ondes reçues au moyen d'un hétérodyne réglable, pour ne pas donner de frottements perceptibles. La fréquence résultante peut alors être amplifiée au moyen d'appareils utilisés pour les ondes moyennes.

Cet appareil est d'un maniement assez délicat, néanmoins, à titre d'exemple, nous donnons le schéma d'un dispositif utilisé à Provins sur un cadre carré de 1 mètre portant 6 spires distantes de 15 à 20 cm.

La lampe réceptrice est couplée au cadre par une self qui porte 40 spires en fond de panier, le diamètre intérieur et extérieur étant de 50 à 90 mm. La self de réaction à 60 spires, elle est du même type, son diamètre extérieur étant de 95 mm.

La self des circuits oscillant sur grille de la lampe oscillatrice, la deuxième lampe a une galette de 1.500 spires couplées à la self voisine de 1.700 spires. Ces galettes peuvent être obtenues facilement, en se servant de disques de phonographe, qui enserrent le noyau en carton sur lequel on effectue le bobinage des spires. Tout autre dispositif peut naturellement être employé.

Le condensateur variable pour la lampe oscillatrice est de 2/1000 et la troisième self porte 340 spires. Le réglage est très délicat. On agit tout d'abord très lentement pour le couplage des selfs et de la lampe réceptrice. Pour faire ce réglage plus facilement on dispose un interrupteur qui permet de rester en position d'attente ou en position d'accord.

La détection est obtenue par une pile de 3 volts qui rend la grille de la première lampe légèrement négative par rapport au filament.

Avec ce montage on a pu recevoir sans aucune déformation la parole à plus de 6 mètres des écouteurs.

# Table des Matières

## I - La construction des postes de T. S. F.



## II - Antenne et prise de terre



## III - Poste à Galène



## IV - Poste avec bobines d'induction



## V - Réception sur cadre

## VI - Condensateurs



## VII - Amplificateurs



## VIII - Résistances



## IX - Détecteur à Lampes

## X - Amplification avant détection



## XI - Galettes en fonds de Panier



## XIII - Bobine nids d'abeilles



## XIV - Variomètre

## XV - Montages de haut-parleur



## XVI - Réception de radio-concerts

# T. S. F.

www.decoopman.com

*Éditions Decoopman* - Ferrières - 30440 Saint-Laurent-le-Minier
web : www.decoopman.com - e.mail : livres@decoopman.com

www.ingramcontent.com/pod-product-compliance
Lightning Source LLC
LaVergne TN
LVHW090441061026
849522LV00002B/742
*9782369652267*